TRAITÉ D'HYDRAULIQUE,

PRÉCÉDÉ D'UNE INTRODUCTION

SUR LES PRINCIPES GÉNÉRAUX DE LA MÉCANIQUE,

PAR

M. A. GRAËFF,

ANCIEN VICE-PRÉSIDENT DU CONSEIL GÉNÉRAL DES PONTS ET CHAUSSÉES,
LAURÉAT DE L'INSTITUT.

TOME TROISIÈME.

TABLES NUMÉRIQUES, NOTES, ERRATA, PLANCHES.

PARIS.

IMPRIMERIE NATIONALE.

M DCCC LXXXIII.

TRAITÉ D'HYDRAULIQUE.

TRAITÉ D'HYDRAULIQUE.

TABLES NUMÉRIQUES POUR LES CALCULS D'HYDRAULIQUE

ET

TABLEAUX RELATIFS AUX EXPÉRIENCES DU RÉSERVOIR DU FURENS.

La table de Poncelet et Lesbros pour l'orifice en mince paroi de $0^m,20$ de largeur ne donne pas sa division en orifices dont la hauteur soit plus grande ou plus
petite que $0^m,03$, et cette division a été ajoutée parce que les orifices ayant moins de
$0^m,03$ de hauteur ne peuvent plus être regardés comme étant absolument en mince
paroi, ainsi que cela a été établi au numéro 140.

Lorsque la hauteur est plus petite que $0^m,03$, l'orifice doit être regardé comme un
orifice simplement biseauté à son pourtour, mais non comme un orifice en mince
paroi proprement dit.

TABLE N° 1.

COEFFICIENTS RELATIFS À L'ÉCOULEMENT PAR UN ORIFICE EN MINCE PAROI AVEC CHARGE SUR LE SOMMET.

EXPÉRIENCES DE PONCELET ET LESBROS.

CHARGES sur LE SOMMET h'.	PREMIÈRE PARTIE. L'ORIFICE AYANT AU MOINS 0m,03 DE HAUTEUR. VALEURS DU COEFFICIENT correspondant à différentes charges pour un orifice de 0m,20 de largeur dont les hauteurs sont :				DEUXIÈME PARTIE. L'ORIFICE AYANT MOINS DE 0m,03 DE HAUTEUR. VALEURS DU COEFFICIENT correspondant à différentes charges pour un orifice de 0m,20 de largeur dont les hauteurs sont :		
	0m,20.	0m,10.	0m,05.	0m,03.	0m,02.	0m,01.	0m,005.
(1)	(2)	(3)	(4)	(5)	(6)	(7)	(8)
0,005	"	"	"	"	"	0,705	0,885
0,01	"	"	0,607	0,634	0,660	0,702	0,851
0,015	"	0,593	0,612	0,638	0,660	0,698	0,824
0,02	0,572	0,596	0,615	0,639	0,660	0,695	0,802
0,03	0,578	0,600	0,620	0,641	0,659	0,689	0,783
0,04	0,582	0,603	0,623	0,640	0,659	0,684	0,773
0,05	0,585	0,605	0,625	0,640	0,658	0,680	0,768
0,06	0,587	0,607	0,626	0,639	0,657	0,677	0,764
0,07	0,588	0,609	0,627	0,638	0,657	0,674	0,761
0,08	0,589	0,610	0,628	0,638	0,656	0,671	0,759
0,09	0,591	0,610	0,629	0,637	0,655	0,669	0,757
0,10	0,592	0,611	0,630	0,637	0,655	0,667	0,755
0,12	0,593	0,612	0,631	0,636	0,654	0,663	0,752
0,14	0,595	0,613	0,631	0,635	0,653	0,661	0,750
0,16	0,596	0,614	0,631	0,635	0,652	0,659	0,748
0,18	0,597	0,615	0,631	0,634	0,651	0,657	0,746
0,20	0,598	0,615	0,630	0,634	0,649	0,655	0,744
0,25	0,599	0,616	0,630	0,633	0,648	0,652	0,742
0,30	0,600	0,616	0,630	0,632	0,645	0,650	0,739
0,40	0,602	0,617	0,629	0,631	0,642	0,646	0,736
0,50	0,603	0,617	0,628	0,630	0,640	0,643	0,734
0,60	0,604	0,617	0,627	0,629	0,638	0,641	0,733
0,70	0,604	0,616	0,627	0,628	0,637	0,638	0,733
0,80	0,605	0,616	0,626	0,627	0,635	0,635	0,733
0,90	0,605	0,615	0,625	0,627	0,634	0,632	0,732
1,00	0,605	0,615	0,625	0,627	0,632	0,629	0,732
1,10	0,604	0,614	0,624	0,626	0,629	0,626	0,731
1,20	0,604	0,614	0,623	0,625	0,627	0,623	0,730
1,30	0,603	0,613	0,622	0,623	0,625	0,621	0,730
1,40	0,603	0,612	0,621	0,622	0,622	0,619	0,728
1,50	0,602	0,611	0,619	0,621	0,620	0,617	0,727
1,60	0,602	0,611	0,618	0,619	0,618	0,616	0,727
1,70	0,602	0,610	0,616	0,617	0,617	0,615	0,726
1,80	0,601	0,609	0,615	0,616	0,615	0,614	0,725
1,90	0,601	0,608	0,614	0,614	0,614	0,613	0,725
2,00	0,601	0,607	0,613	0,613	0,613	0,613	0,724
3,00	0,601	0,603	0,606	0,607	0,608	0,609	0,721
Moyennes....	0,600	0,611	0,623	0,629	0,640	0,650	0,752
Rapport $\frac{e}{l}$....	1,00	0,50	0,25	0,15	0,10	0,05	0,025
$\frac{l}{e}$..	1,00	2,00	4,00	6,00	10,00	20,00	40,00

TRAITÉ D'HYDRAULIQUE.

TABLE N° 2

DONNANT LES COEFFICIENTS DES EXPÉRIENCES DE M. LESBROS SUR UN ORIFICE DE $0^m,60$ DE LARGEUR PERCÉ DANS UNE PAROI EN BOIS DE $0^m,05$ D'ÉPAISSEUR. (PERTUIS ORDINAIRES D'USINES.)

CHARGES SUR LE SOMMET.	VALEURS DES COEFFICIENTS POUR LES HAUTEURS D'ORIFICES DE			
	$0^m,40.$	$0^m,20.$	$0^m,05.$	$0^m,03.$
(1)	(2)	(3)	(4)	(5)
0,01	"	"	0,627	0,657
0,02	"	"	0,634	0,664
0,03	"	0,636	0,640	0,670
0,04	"	0,641	0,646	0,675
0,05	0,624	0,645	0,651	0,680
0,06	0,627	0,648	0,656	0,684
0,07	0,629	0,652	0,661	0,687
0,08	0,631	0,654	0,665	0,690
0,09	0,633	0,656	0,669	0,693
0,10	0,635	0,658	0,672	0,695
0,12	0,639	0,662	0,679	0,699
0,14	0,642	0,664	0,684	0,702
0,16	0,644	0,667	0,687	0,704
0,18	0,646	0,669	0,689	0,706
0,20	0,648	0,671	0,691	0,707
0,30	0,654	0,677	0,695	0,710
0,40	0,654	0,679	0,696	0,711
0,50	0,653	0,678	0,696	0,711
0,60	0,650	0,677	0,696	0,710
0,70	0,646	0,677	0,696	0,710
0,80	0,643	0,676	0,695	0,708
0,90	0,639	0,676	0,695	0,707
1,00	0,636	0,676	0,695	0,706
1,10	0,633	0,676	0,695	0,704
1,20	0,630	0,675	0,695	0,703
1,30	0,628	0,675	0,695	0,702
1,40	0,626	0,675	0,694	0,701
1,50	0,624	0,675	0,694	0,700
1,60	0,622	0,675	0,694	0,699
1,70	0,621	0,675	0,694	0,699
1,80	0,620	0,674	0,694	0,697
1,90	0,618	0,674	0,694	0,697
2,00	0,617	0,674	0,694	0,697
3,00	0,617	0,673	0,692	0,693
Moyennes........	0,634	0,67	0,681	0,696
Rapport $\frac{e}{l}$........	0,67	0,33	0,083	0,05
$\frac{l}{e}$.....	1,50	3,00	10,00	20,00

Table Nº 3

DONNANT LA VALEUR DES COEFFICIENTS DE DÉBIT EN REGARD DU RAPPORT $\frac{h'}{e}$ DE LA CHARGE SUR LE SOMMET AVEC LA PLUS PETITE DIMENSION DE L'ORIFICE.

RAPPORT $\frac{h'}{e}$	LA CONTRACTION AYANT LIEU SUR TOUT LE PÉRIMÈTRE de l'orifice.		LA CONTRACTION ÉTANT SUPPRIMÉE SUR LES CÔTÉS.		LA CONTRACTION ÉTANT SUPPRIMÉE SUR LE SEUIL.		LA CONTRACTION ÉTANT SUPPRIMÉE SUR LES CÔTÉS ET SUR LE SEUIL.	
	m	m'	m	m'	m	m'	m	m'
0,20	0,60	0,64	0,66	0,70	"	"	"	"
0,60	0,61	0,64	0,65	0,67	0,67	0,69	"	"
1,00	0,62	0,64	0,65	0,66	0,67	0,68	0,72	0,77
10,00	0,62	0,63	0,64	0,64	0,66	0,67	0,70	0,71
30,00	0,61	0,62	0,63	0,63	0,66	0,66	0,69	0,69
60,00	0,61	0,61	0,62	0,62	0,66	0,66	0,68	0,68
100,00 et au delà	0,60	0,60	0,61	0,61	0,66	0,66	0,68	0,68
MOYENNES..........	0,61	"	0,64	"	0,66	"	0,69	"

NOTA. — m est le coefficient de débit, la charge h' sur le sommet étant mesurée en plein réservoir, soit à 3 mètres environ en amont de l'orifice; m' est le coefficient de débit lorsque la charge h' est mesurée immédiatement au-dessus de l'orifice et à $0^m,02$ de distance de son plan vertical.

Table Nº 3 *bis*

DONNANT LA VALEUR DES RAPPORTS $\frac{m''}{m}$ DES COEFFICIENTS DE DÉBIT DANS LE CAS OÙ LES REMOUS RECOUVRENT LA VEINE CONTRACTÉE ET DANS CELUI OÙ ILS NE L'ATTEIGNENT PAS, VALEURS CORRESPONDANT À CELLES DU RAPPORT $\frac{h''}{h'}$ DES CHARGES SUR LE SOMMET DE L'ORIFICE PRISES DANS LE CANAL DE FUITE ET DANS LE RÉSERVOIR.

$\frac{h''}{h'}$	$\frac{m''}{m}$	$\frac{h''}{h'}$	$\frac{m''}{m}$	OBSERVATIONS.
0,525	1,000	0,800	0,540	Lorsque le remous n'atteint pas la veine contractée, $\frac{m''}{m} = 1$, et les deux coefficients sont égaux.
0,537	0,906	0,820	0,512	
0,540	0,882	0,840	0,477	Il est d'ailleurs évident que, lorsque $\frac{h''}{h'} = 1$, l'écoule-
0,550	0,846	0,860	0,442	ment cesse et l'on a $m'' = 0$.
0,560	0,827	0,880	0,402	
0,570	0,813	0,900	0,352	
0,580	0,796	0,920	0,297	
0,590	0,778	0,940	0,236	
0,600	0,763	0,960	0,166	
0,620	0,734	0,980	0,086	
0,640	0,714	1,000	0,000	
0,660	0,692	"	"	
0,680	0,672	"	"	
0,700	0,656	"	"	
0,720	0,633	"	"	
0,740	0,612	"	"	
0,760	0,590	"	"	
0,780	0,566	"	"	

TRAITÉ D'HYDRAULIQUE.

TABLE N° 4.

AJUTAGES CYLINDRIQUES.

RAPPORT DE LA LONGUEUR AU DIAMÈTRE DE L'AJUTAGE.	COEFFICIENTS DE DÉBIT.
2	0,82
10	0,79
20	0,72
40	0,67
50	0,63

TABLE N° 5.

AJUTAGES CONIQUES CONVERGENTS.

ANGLE DE CONVERGENCE.	COEFFICIENT DE RÉDUCTION	
	DU DÉBIT.	DE LA VITESSE.
0°	0,82	0,82
5°	0,92	0,92
10°	0,94	0,95
12°	0,95	0,95
20°	0,93	0,96
30°	0,90	0,97
50°	0,85	0,99

TABLE N° 6.

ÉCOULEMENT EN DÉVERSOIR EXTRAIT DES TABLES DONNÉES DANS L'OUVRAGE DE M. LESBROS POUR UN DÉVERSOIR DE $0^m,20$ DE LARGEUR ET PLACÉ À $0^m,54$ AU-DESSUS DU FOND DU RÉSERVOIR.

CHARGE. (1)	VALEURS DES COEFFICIENTS.			OBSERVATIONS. (5)
	CONTRACTION sur LE SEUIL ET LES CÔTÉS (orifice en mince paroi). (2)	CONTRACTION SUR LES CÔTÉS, nulle sur le seuil. (3)	CONTRACTION SUR LE SEUIL, nulle sur les côtés. (4)	
0,01	0,424	"	0,492	La charge sur le seuil est mesurée en plein réservoir hors de la dénivellation, en général à 3 mètres du déversoir.
0,02	0,417	"	0,473	La largeur du réservoir était, dans ces expériences, $L = 3,68$, la largeur du déversoir était 0,20, le rapport $\frac{l}{L} = 0,054$.
0,03	0,412	"	0,459	
0,04	0,407	0,411	0,449	
0,05	0,404	0,411	0,442	
0,06	0,401	0,410	0,437	Cette table ne s'appliquerait plus avec une exactitude suffisante si la largeur du déversoir était inférieure à 0,05.
0,07	0,398	0,409	0,435	
0,08	0,397	0,409	0,434	
0,09	0,396	0,409	0,434	
0,10	0,395	0,408	0,434	
0,12	0,394	0,408	0,434	
0,14	0,393	0,408	0,434	
0,16	0,393	0,407	0,433	
0,18	0,392	0,406	0,432	
0,20	0,390	0,405	0,432	
0,22	0,381	0,405	0,430	
0,25	0,379	0,404	0,428	
0,30	0,371	0,403	0,424	
MOYENNES....	0,405	0,408	0,441	

TABLE N° 7.

DÉVERSOIR DE $0^m,60$ DE LARGEUR OUVERT DANS DES PAROIS DE $0^m,05$ D'ÉPAISSEUR SANS BISEAU À $0^m,54$ AU-DESSUS DU FOND. — EXPÉRIENCES DE M. LESBROS.

CHARGE H. (1)	COEFFICIENT. (2)	OBSERVATIONS. (3)	CHARGE H. (1)	COEFFICIENT. (2)	OBSERVATIONS. (3)
0,01	0,424		0,09	0,407	
0,02	0,421		0,10	0,406	
0,03	0,418		0,12	0,403	
0,04	0,416		0,14	0,401	
0,05	0,414		0,16	0,399	
0,06	0,412		0,18	0,397	
0,07	0,410		0,20	0,395	
0,08	0,409				

MOYENNE des coefficients................. 0,409

TABLE N° 8.

VARIATION DES COEFFICIENTS AVEC LE RAPPORT $\dfrac{l}{L}$ DES LARGEURS DU DÉVERSOIR ET DU RÉSERVOIR.

RAPPORT $\dfrac{l}{L}$	COEFFICIENT m	OBSERVATIONS.
0,10	0,395	Tant que le rapport $\dfrac{l}{L}$ est inférieur à 0,10,
0,40	0,405	le coefficient reste constant, à moins que la
0,60	0,415	largeur du déversoir ne soit plus petite que
0,80	0,420	0,08.
1,00	0,430	

TABLE N° 9.

DÉVERSOIRS INCOMPLETS, MAIS ISOLÉS DU FOND ET DES PAROIS DU RÉSERVOIR.

RAPPORT $\dfrac{h}{H}$.	COEFFICIENT.	RAPPORT $\dfrac{h}{H}$.	COEFFICIENT.	OBSERVATIONS.
0,001	0,227	0,050	0,522	H. Charge totale sur le seuil.
0,002	0,295	0,060	0,519	h. Différence de niveau entre les eaux d'amont et d'aval.
0,003	0,363	0,080	0,517	
0,004	0,430	0,100	0,516	
0,005	0,496	0,200	0,507	
0,006	0,556	0,300	0,497	
0,007	0,597	0,400	0,487	
0,008	0,605	0,500	0,474	
0,009	0,600	0,600	0,459	
0,010	0,596	0,700	0,444	
0,015	0,580	0,800	0,427	
0,026	0,557	0,900	0,409	
0,030	0,546	1,000	0,390	
0,040	0,531			

TRAITÉ D'HYDRAULIQUE.

TABLE N° 10

DES VITESSES DUES AUX HAUTEURS ET DES HAUTEURS DUES AUX VITESSES [1].

SOIENT :

V, la vitesse de l'eau;

H, la hauteur due à la vitesse;

g, le double de l'espace parcouru par un corps grave dans la première seconde de sa chute, soit le nombre...................... $9^m,8088$

on a

$$V = \sqrt{2g\,H},$$

d'où

$$H = \frac{V^2}{2g} = 0.0509746\ V^2.$$

VITESSES.	HAUTEURS CORRESPON- DANTES.	HAUTEURS CORRESPONDANT AUX VITESSES COTÉES EN MARGE, AUGMENTÉES DE								
		$0^m,01.$	$0^m,02.$	$0^m,03.$	$0^m,04.$	$0^m,05.$	$0^m,06.$	$0^m,07.$	$0^m,08.$	$0^m,09.$
mètres.	mètres.	mètres.	mètres.	mètres.	mètres.	mètres.	mètres.	mètres.	mètres.	mètres.
0,00	0,00000	0,00001	0,00002	0,00005	0,00009	0,00013	0,00019	0,00026	0,00034	0,00043
0,10	0,00051	0,00062	0,00074	0,00087	0,00101	0,00115	0,00131	0,00148	0,00166	0,00185
0,20	0,00204	0,00225	0,00247	0,00270	0,00294	0,00319	0,00345	0,00372	0,00400	0,00429
0,30	0,00459	0,00490	0,00522	0,00555	0,00589	0,00624	0,00660	0,00697	0,00735	0,00775
0,40	0,00816	0,00860	0,00900	0,00940	0,00980	0,01030	0,01080	0,01120	0,01170	0,01220
0,50	0,0127	0,0132	0,0138	0,0143	0,0148	0,0154	0,0160	0,0165	0,0171	0,0177
0,60	0,0184	0,0190	0,0196	0,0202	0,0209	0,0215	0,0222	0,0229	0,0236	0,0243
0,70	0,0250	0,0257	0,0264	0,0272	0,0279	0,0287	0,0295	0,0302	0,0310	0,0318
0,80	0,0326	0,0334	0,0343	0,0351	0,0360	0,0368	0,0377	0,0386	0,0395	0,0404
0,90	0,0413	0,0422	0,0431	0,0441	0,0450	0,0460	0,0470	0,0480	0,0490	0,0500
1,00	0,0510	0,0520	0,0530	0,0541	0,0551	0,0562	0,0573	0,0584	0,0595	0,0606
1,10	0,0617	0,0628	0,0639	0,0651	0,0622	0,0674	0,0686	0,0698	0,0710	0,0722
1,20	0,0734	0,0746	0,0758	0,0771	0,0783	0,0797	0,0809	0,0822	0,0835	0,0848
1,30	0,0861	0,0875	0,0888	0,0901	0,0915	0,0929	0,0943	0,0957	0,0970	0,0984
1,40	0,0999	0,1013	0,1028	0,1042	0,1057	0,1072	0,1086	0,1101	0,1116	0,1131
1,50	0,1147	0,1162	0,1177	0,1193	0,1209	0,1225	0,1241	0,1257	0,1273	0,1289
1,60	0,1305	0,1321	0,1337	0,1354	0,1371	0,1388	0,1405	0,1422	0,1439	0,1456
1,70	0,1473	0,1490	0,1508	0,1525	0,1543	0,1561	0,1579	0,1597	0,1615	0,1633
1,80	0,1651	0,1670	0,1688	0,1707	0,1726	0,1745	0,1763	0,1782	0,1801	0,1820
1,90	0,1840	0,1859	0,1878	0,1898	0,1918	0,1938	0,1958	0,1978	0,1998	0,2018
2,00	0,2039	0,2059	0,2080	0,2100	0,2121	0,2142	0,2163	0,2184	0,2205	0,2226
2,10	0,2248	0,2269	0,2291	0,2313	0,2334	0,2356	0,2378	0,2400	0,2422	0,2444
2,20	0,2467	0,2490	0,2512	0,2535	0,2557	0,2580	0,2603	0,2626	0,2649	0,2673
2,30	0,2696	0,2720	0,2743	0,2767	0,2791	0,2815	0,2839	0,2863	0,2887	0,2911
2,40	0,2936	0,2960	0,2985	0,3010	0,3034	0,3060	0,3085	0,3110	0,3135	0,3160
2,50	0,3186	0,3211	0,3237	0,3263	0,3289	0,3315	0,3341	0,3367	0,3393	0,3419

[1] Cette table a été calculée par les soins de M. Delocre, lorsqu'il était ingénieur ordinaire dans le service des inondations du département de la Loire.

VITESSES.	HAUTEURS CORRESPONDANTES.	HAUTEURS CORRESPONDANT AUX VITESSES COTÉES EN MARGE, AUGMENTÉES DE								
		0m,01.	0m,02.	0m,03.	0m,04.	0m,05.	0m,06.	0m,07.	0m,08.	0m,09.
mètres.	mètres.	mètres.	mètres.	mètres.	mètres.	mètres.	mètres.	mètres.	mètres.	mètres.
2,60	0,3346	0,3472	0,3499	0,3526	0,3553	0,3580	0,3607	0,3634	0,3661	0,3688
2,70	0,3716	0,3744	0,3771	0,3799	0,3827	0,3855	0,3883	0,3911	0,3939	0,3967
2,80	0,3996	0,4025	0,4054	0,4082	0,4111	0,4140	0,4169	0,4198	0,4228	0,4257
2,90	0,4287	0,4316	0,4346	0,4376	0,4406	0,4436	0,4466	0,4496	0,4526	0,4557
3,00	0,4588	0,4618	0,4649	0,4680	0,4711	0,4742	0,4773	0,4804	0,4835	0,4866
3,10	0,4899	0,4930	0,4962	0,4994	0,5026	0,5058	0,5090	0,5122	0,5155	0,5187
3,20	0,5220	0,5252	0,5285	0,5318	0,5351	0,5384	0,5417	0,5450	0,5484	0,5517
3,30	0,5551	0,5585	0,5618	0,5652	0,5686	0,5721	0,5755	0,5789	0,5823	0,5858
3,40	0,5893	0,5927	0,5962	0,5997	0,6032	0,6067	0,6102	0,6138	0,6173	0,6209
3,50	0,6244	0,6280	0,6316	0,6352	0,6388	0,6424	0,6460	0,6497	0,6533	0,6559
3,60	0,6606	0,6643	0,6680	0,6717	0,6754	0,6791	0,6828	0,6866	0,6903	0,6940
3,70	0,6978	0,7016	0,7054	0,7092	0,7130	0,7168	0,7206	0,7245	0,7283	0,7322
3,80	0,7361	0,7400	0,7438	0,7478	0,7517	0,7556	0,7595	0,7634	0,7674	0,7713
3,90	0,7753	0,7793	0,7833	0,7873	0,7913	0,7953	0,7993	0,8034	0,8074	0,8115
4,00	0,8156	0,8197	0,8238	0,8279	0,8320	0,8361	0,8402	0,8444	0,8485	0,8527
4,10	0,8569	0,8611	0,8653	0,8695	0,8737	6,8779	0,8821	0,8864	0,8906	0,8949
4,20	0,8992	0,9035	0,9078	0,9121	0,9164	0,9207	0,9251	0,9294	0,9337	0,9381
4,30	0,9425	0,9469	0,9513	0,9557	0,9601	0,9646	0,9690	0,9734	0,9779	0,9823
4,40	0,9869	0,9913	0,9958	1,0003	1,0048	1,0094	1,0140	1,0185	1,0231	1,0276
4,50	1,0322	1,0368	1,0414	1,0460	1,0507	1,0553	1,0599	1,0646	1,0692	1,0739
4,60	1,0786	1,0833	1,0880	1,0927	1,0974	1,1022	1,1069	1,1117	1,1164	1,1212
4,70	1,1260	1,1308	1,1356	1,1404	1,1452	1,1501	1,1549	1,1598	1,1647	1,1695
4,80	1,1744	1,1793	1,1842	1,1891	1,1941	1,1990	1,2040	1,2090	1,2139	1,2189
4,90	1,2239	1,2289	1,2339	1,2389	1,2440	1,2490	1,2541	1,2591	1,2642	1,2693
5,00	1,2744	1,2795	1,2846	1,2897	1,2948	1,3000	1,3051	1,3103	1,3155	1,3206
5,10	1,3258	1,3311	1,3363	1,3415	1,3467	1,3520	1,3572	1,3625	1,3678	1,3730
5,20	1,3784	1,3837	1,3890	1,3943	1,3996	1,4050	1,4103	1,4157	1,4211	1,4265
5,30	1,4319	1,4373	1,4427	1,4481	1,4535	1,4590	1,4645	1,4699	1,4754	1,4809
5,40	1,4864	1,4919	1,4975	1,5030	1,5085	1,5141	1,5196	1,5252	1,5308	1,5364
5,50	1,5420	1,5476	1,5532	1,5588	1,5645	1,5701	1,5758	1,5815	1,5872	1,5929
5,60	1,5986	1,6043	1,6100	1,6157	1,6215	1,6272	1,6330	1,6388	1,6446	1,6503
5,70	1,6562	1,6620	1,6678	1,6736	1,6795	1,6854	1,6912	1,6971	1,7030	1,7089
5,80	1,7148	1,7207	1,7266	1,7326	1,7385	1,7445	1,7505	1,7564	1,7624	1,7684
5,90	1,7744	1,7805	1,7865	1,7925	1,7986	1,8046	1,8107	1,8168	1,8229	1,8290
6,00	1,8351	1,8412	1,8473	1,8535	1,8596	1,8658	1,8720	1,8782	1,8843	1,8905
6,10	1,8968	1,9030	1,9092	1,9155	1,9217	1,9280	1,9383	1,9405	1,9468	1,9531
6,20	1,9595	1,9658	1,9721	1,9785	1,9848	1,9912	1,9976	2,0039	2,0103	2,0167
6,30	2,0232	2,0296	2,0361	2,0425	2,0490	2,0554	2,0619	2,0684	2,0749	2,0814
6,40	2,0879	2,0945	2,1010	2,1075	2,1141	2,1207	2,1273	2,1338	2,1404	2,1471
6,50	2,1537	2,1603	2,1670	2,1736	2,1803	2,1869	2,1936	2,2003	2,2070	2,2137
6,60	2,2205	2,2272	2,2339	2,2407	2,2474	2,2542	2,2610	2,2678	2,2746	2,2814
6,70	2,2883	2,2951	2,3019	2,3088	2,3156	2,3225	2,3294	2,3363	2,3432	2,3501
6,80	2,3571	2,3640	2,3709	2,3779	2,3849	2,3919	2,3989	2,4059	2,4129	2,4199
6,90	2,4269	2,4339	2,4410	2,4481	2,4551	2,4622	2,4693	2,4764	2,4835	2,4906
7,00	2,4978	2,5049	2,5121	2,5192	2,5264	2,5336	2,5408	2,5480	2,5552	2,5624
7,10	2,5696	2,5769	2,5841	2,5914	2,5987	2,6060	2,6132	2,6205	2,6279	2,6352
7,20	2,6425	2,6499	2,6572	2,6646	2,6720	2,6794	2,6868	2,6942	2,7016	2,7090
7,30	2,7164	2,7239	2,7313	2,7388	2,7463	2,7538	2,7613	2,7688	2,7763	2,7838

VITESSES.	HAUTEURS CORRESPONDANTES.	HAUTEURS CORRESPONDANT AUX VITESSES COTÉES EN MARGE, AUGMENTÉES DE							
		0ᵐ,01.	0ᵐ,02.	0ᵐ,03.	0ᵐ,04.	0ᵐ,05.	0ᵐ,06.	0ᵐ,07.	0ᵐ,08.	0ᵐ,09.
mètres.	mètres.	mètres.	mètres.	mètres.	mètres.	mètres.	mètres.	mètres.	mètres.	mètres.
7,40	2,7914	2,7989	2,8065	2,8140	2,8216	2,8292	2,8368	2,8444	2,8521	2,8597
7,50	2,8673	2,8750	2,8826	2,8903	2,8980	2,9057	2,9134	2,9211	2,9288	2,9365
7,60	2,9443	2,9520	2,9598	2,9676	2,9754	2,9832	2,9910	2,9988	3,0066	3,0144
7,70	3,0223	3,0301	3,0380	3,0459	3,0538	3,0617	3,0696	3,0775	3,0854	3,0933
7,80	3,1013	3,1092	3,1172	3,1252	3,1332	3,1412	3,1492	3,1572	3,1652	3,1733
7,90	3,1813	3,1894	3,1974	3,2055	3,2136	3,2217	3,2298	3,2380	3,2461	3,2542
8,00	3,2624	3,2705	3,2787	3,2869	3,2951	3,3033	3,3115	3,3197	3,3280	3,3362
8,10	3,3445	3,3527	3,3610	3,3693	3,3776	3,3859	3,3942	3,4025	3,4108	3,4192
8,20	3,4275	3,4359	3,4443	3,4526	3,4610	3,4695	3,4779	3,4863	3,4947	3,5032
8,30	3,5116	3,5201	3,5286	3,5371	3,5455	3,5541	3,5626	3,5711	3,5796	3,5882
8,40	3,5968	3,6053	3,6139	3,6225	3,6311	3,6397	3,6483	3,6570	3,6656	3,6743
8,50	3,6829	3,6916	3,7003	3,7090	3,7177	3,7264	3,7351	3,7438	3,7526	3,7613
8,60	3,7701	3,7789	3,7876	3,7964	3,8052	3,8141	3,8229	3,8317	3,8405	3,8494
8,70	3,8583	3,8671	3,8760	3,8849	3,8938	3,9028	3,9117	3,9206	3,9295	3,9385
8,80	3,9475	3,9565	3,9654	3,9744	3,9834	3,9925	4,0015	4,0105	4,0196	4,0286
8,90	4,0377	4,0468	4,0559	4,0650	4,0741	4,0832	4,0923	4,1015	4,1106	4,1198
9,00	4,1290	4,1381	4,1473	4,1565	4,1657	4,1750	4,1832	4,1924	4,2017	4,2109
9,10	4,2212	4,2305	4,2398	4,2491	4,2584	4,2677	4,2771	4,2864	4,2958	4,3051
9,20	4,3145	4,3239	4,3323	4,3417	4,3511	4,3615	4,3710	4,3804	4,3898	4,3993
9,30	4,4088	4,4183	4,4278	4,4373	4,4468	4,4563	4,4659	4,4754	4,4850	4,4945
9,40	4,5041	4,5137	4,5233	4,5329	4,5425	4,5522	4,5618	4,5715	4,5811	4,5908
9,50	4,6005	4,6102	4,6199	4,6296	4,6393	4,6490	4,6588	4,6685	4,6783	4,6880
9,60	4,6978	4,7076	4,7174	4,7272	4,7370	4,7469	4,7567	4,7666	4,7764	4,7863
9,70	4,7962	4,8061	4,8160	4,8259	4,8358	4,8458	4,8557	4,8657	4,8756	4,8856
9,80	4,8956	4,9056	4,9156	4,9256	4,9356	4,9457	4,9557	4,9658	4,9758	4,9859
9,90	4,9960	5,0061	5,0162	5,0264	5,0365	5,0466	5,0568	5,0668	5,0770	5,0872
10,00	5,09746	5,10766	5,11787	5,12809	5,13833	5,14856	5,15881	5,16907	5,17935	5,18963
10,10	5,19992	5,21022	5,22053	5,23086	5,24119	5,25153	5,26188	5,27225	5,28262	5,29300
10,20	5,30340	5,31381	5,32422	5,33464	5,34507	5,35552	5,36696	5,37644	5,38691	5,39740
10,30	5,40790	5,41840	5,42892	5,43944	5,44998	5,46053	5,47108	5,48165	5,49223	5,50382
10,40	5,51341	5,52402	5,53464	5,54527	5,55591	5,56655	5,57721	5,58788	5,59856	5,60925
10,50	5,61995	5,63066	5,64138	5,65211	5,66285	5,67360	5,68436	5,69513	5,70591	5,71670
10,60	5,72751	5,73832	5,74914	5,75997	5,77081	5,78167	5,79253	5,80340	5,81429	5,82518
10,70	5,83608	5,84700	5,85729	5,86885	5,87980	5,89075	5,90172	5,91269	5,92368	5,93467
10,80	5,94568	5,95669	5,96772	5,97875	5,98980	6,00086	6,01192	6,02300	6,03409	6,04518
10,90	6,05629	6,06741	6,07854	6,08968	6,10082	6,11198	6,12315	6,12433	6,14552	6,15672
11,00	6,16793	6,17915	6,19038	6,20162	6,21287	6,22413	6,23540	6,24668	6,25797	6,26927
11,10	6,28058	6,29190	6,30323	6,31458	6,32593	6,33729	6,34866	6,36004	6,37144	6,38284
11,20	6,39425	6,40568	6,41711	6,42855	6,44001	6,45147	6,46295	6,47443	6,48593	6,49743
11,30	6,50895	6,52047	6,53201	6,54355	6,55511	6,56667	6,57825	6,58984	6,60143	6,61304
11,40	6,62466	6,63629	6,64792	6,65957	6,67123	6,68290	6,69458	6,70626	6,71796	6,72967
11,50	6,74139	6,75312	6,76486	6,77661	6,78837	6,80014	6,81192	6,82371	6,83551	6,84732
11,60	6,85914	6,87097	6,88281	6,89467	6,90653	6,91840	6,93028	6,94217	6,95408	6,96599
11,70	6,97791	6,98985	7,00179	7,01374	7,02571	7,03768	7,04966	7,06166	7,07366	7,08568
11,80	7,09770	7,10974	7,12178	7,13384	7,14590	7,15798	7,17007	7,18216	7,19427	7,20639
11,90	7,21851	7,23065	7,24280	7,25495	7,26712	7,27930	7,29149	7,30369	7,31589	7,32811
12,00	7,34034	7,35258	7,36483	7,37709	7,38936	7,40164	7,41393	7,42623	7,43854	7,45086
12,10	7,46319	7,47553	7,48788	7,50024	7,51262	7,52500	7,53739	7,54979	7,56220	7,57463

VITESSES.	HAUTEURS CORRESPON- DANTES.	HAUTEURS CORRESPONDANT AUX VITESSES COTÉES EN MARGE, AUGMENTÉES DE								
		0ᵐ,01.	0ᵐ,02.	0ᵐ,03.	0ᵐ,04.	0ᵐ,05.	0ᵐ,06.	0ᵐ,07.	0ᵐ,08.	0ᵐ,09.
mètres.	mètres.	mètres.	mètres.	mètres.	mètres.	mètres.	mètres.	mètres.	mètres.	mètres.
12,20	7,58706	7,59950	7,61196	7,62442	7,63689	7,64938	7,66187	7,67437	7,68689	7,69941
12,30	7,71195	7,72449	7,73705	7,74961	7,76219	7,77477	7,78737	7,79998	7,81259	7,82522
12,40	7,83785	7,85050	7,86316	7,87583	7,88850	7,90119	7,91389	7,92660	7,93931	7,95204
12,50	7,96478	7,97753	7,99029	8,00306	8,01584	8,02863	8,04143	8,05424	8,06706	8,07989
12,60	8,09273	8,10558	8,11844	8,13131	8,14419	8,15708	8,16998	8,18290	8,19582	8,20875
12,70	8,22169	8,23465	8,24761	8,26058	8,27356	8,28656	8,29956	8,31258	8,32560	8,33863
12,80	8,35168	8,36473	8,37780	8,39087	8,40396	8,41705	8,43016	8,44327	8,45640	8,46954
12,90	8,48268	8,49584	8,50901	8,52218	8,53537	8,54857	8,56178	8,57499	8,58822	8,60146
13,00	8,61471	8,62797	8,64123	8,65451	8,66780	8,68110	8,69441	8,70773	8,72106	8,73440
13,10	8,74775	8,76111	8,77448	8,78786	8,80125	8,81466	8,82807	8,84149	8,85492	8,86836
13,20	8,88181	8,89528	8,90875	8,92223	8,93573	8,94923	8,96274	8,97627	8,98980	9,00334
13,30	9,01690	9,03046	9,04404	9,05762	9,07122	9,08482	9,09844	9,11206	9,12570	9,13934
13,40	9,15300	9,16667	9,18034	9,19403	9,20773	9,22143	9,23515	9,24858	9,26261	9,27636
13,50	9,29012	9,30389	9,31767	9,33146	9,34525	9,35906	9,37288	9,38671	9,40055	9,41440
13,60	9,42826	9,44213	9,45601	9,46990	9,48380	9,49771	9,51164	9,52557	9,53951	9,55346
13,70	9,56742	9,58139	9,59538	9,60937	9,62337	9,63739	9,65141	9,66544	9,67949	9,69354
13,80	9,70760	9,72168	9,73576	9,74986	9,76396	9,77808	9,79220	9,80634	9,82048	9,83464
13,90	9,84880	9,86298	9,87716	9,89136	9,90557	9,91978	9,93401	9,94825	9,96250	9,97675
14,00	9,99102	10,00530	10,01959	10,03389	10,04819	10,06251	10,07684	10,09118	10,10553	10,11989
14,10	10,13426	10,14864	10,16303	10,17943	10,19184	10,20626	10,22069	10,23513	10,24959	10,26405
14,20	10,27852	10,29300	10,30749	10,32199	10,33651	10,35103	10,36556	10,38011	10,39466	10,40922
14,30	10,42380	10,43838	10,45297	10,46758	10,48219	10,49682	10,51146	10,52610	10,54075	10,55542
14,40	10,57009	10,58478	10,59947	10,61418	10,62890	10,64362	10,65836	10,67311	10,68786	10,70263
14,50	10,71741	10,73224	10,74700	10,76180	10,77662	10,79145	10,80629	10,82114	10,83590	10,85087
14,60	10,86575	10,88064	10,89554	10,91045	10,92537	10,94030	10,95524	10,97019	10,98515	11,00012
14,70	11,01510	11,03009	11,04510	11,06011	11,07513	11,09016	11,10520	11,12024	11,13532	11,15039
14,80	11,16548	11,18057	11,19567	11,21079	11,22591	11,24105	11,25619	11,27135	11,28651	11,30169
14,90	11,31687	11,33207	11,34727	11,36249	11,37771	11,39295	11,40820	11,42345	11,43872	11,45400
15,00	11,46929	11,48458	11,49989	11,51521	11,53054	11,54587	11,56122	11,57658	11,59195	11,60733
15,10	11,62272	11,63812	11,65354	11,66895	11,68438	11,70082	11,71527	11,73073	11,74620	11,76168
15,20	11,77717	11,79267	11,80818	11,82371	11,83924	11,85378	11,87033	11,88590	11,90147	11,91705
15,30	11,93264	11,94825	11,96386	11,97948	11,99512	12,01076	12,02642	12,04208	12,05776	12,07344
15,40	12,08914	12,10484	12,12056	12,13628	12,15202	12,16776	12,18352	12,19929	12,21506	12,23085
15,50	12,24665	12,26245	12,27827	12,29410	12,30994	12,32579	12,34164	12,35751	12,37339	12,38928
15,60	12,40518	12,42109	12,43701	12,45294	12,46888	12,48483	12,50079	12,51676	12,53274	12,54873
15,70	12,56473	12,58074	12,59696	12,61279	12,62883	12,64489	12,66095	12,67702	12,69310	12,70920
15,80	12,72530	12,74141	12,75753	12,77367	12,78981	12,80597	12,82213	12,83830	12,85449	12,87068
15,90	12,88689	12,90310	12,91933	12,93556	12,95181	12,96807	12,98333	13,00061	13,01689	13,03320
16,00	13,04950	13,06581	13,08214	13,09848	13,11483	13,13118	13,14755	13,16393	13,18032	13,19672
16,10	13,21313	13,22954	13,24597	13,26241	13,27885	13,29532	13,31179	13,32827	13,34476	13,36126
16,20	13,37777	13,39429	13,41083	13,42739	13,44392	13,46048	13,47705	13,49363	13,51022	13,52683
16,30	13,54344	13,56006	13,57670	13,59334	13,60999	13,62666	13,64333	13,66002	13,67671	13,69341
16,40	13,71013	13,72685	13,74359	13,76033	13,77709	13,79385	13,81063	13,82742	13,84421	13,86102
16,50	13,87783	13,89467	13,91150	13,92835	13,94520	13,96207	13,97895	13,99584	14,01273	14,02964
16,60	14,04655	14,06349	14,08043	14,09737	14,11434	14,13131	14,14829	14,16528	14,18228	14,19929
16,70	14,21631	14,23333	14,25038	14,26743	14,28449	14,30156	14,31864	14,33573	14,35284	14,36995
16,80	14,38707	14,40420	14,42135	14,43850	14,45566	14,47284	14,49002	14,50721	14,52442	14,54163
16,90	14,55886	14,57609	14,59333	14,61059	14,62786	14,64513	14,66242	14,67971	14,69703	14,71633

TRAITÉ D'HYDRAULIQUE.

VITESSES.	HAUTEURS CORRESPONDANTES.	HAUTEURS CORRESPONDANT AUX VITESSES COTÉES EN MARGE, AUGMENTÉES DE								
		0m,01.	0m,02.	0m,03.	0m,04.	0m,05.	0m,06.	0m,07.	0m,08.	0m,09.
mètres.	mètres.	mètres.	mètres.	mètres.	mètres.	mètres.	mètres.	mètres.	mètres.	mètres.
17,00	14,73169	14,74900	14,76634	14,78370	14,80107	14,81844	14,83583	14,85323	14,87064	14,88805
17,10	14,90548	14,92292	14,94037	14,95783	14,97530	14,99278	15,01027	15,02777	15,04528	15,06279
17,20	15,08033	15,09787	15,11542	15,13298	15,15055	15,16813	15,18572	15,20332	15,22093	15,23856
17,30	15,25619	15,27383	15,29148	15,30915	15,32682	15,34450	15,36219	15,37990	15,39761	11,41534
17,40	15,43307	15,45081	15,46857	15,48633	15,50411	15,52189	15,53969	15,55749	15,57531	15,59314
17,50	15,61097	15,62882	15,64767	15,66454	15,68242	15,70030	15,71820	15,73611	15,75402	15,77195
17,60	15,78989	15,80784	15,82580	15,84377	15,86175	15,87973	15,89773	15,91574	15,93376	15,95179
17,70	15,96983	15,98788	16,00594	16,02401	16,04209	16,06018	16,07829	16,09640	16,41452	16,13265
17,80	16,15079	16,16894	16,18711	16,20528	16,22346	16,24165	16,25986	16,27807	16,29629	16,31453
17,90	16,33277	16,35103	16,36929	16,38756	16,40585	16,42414	16,44245	16,46076	16,47909	16,49742
18,00	16,51577	16,53413	16,55249	16,57087	16,58926	16,60765	16,62606	16,64448	16,66290	16,68134
18,10	16,69979	16,71825	16,73671	16,75519	16,77368	16,79218	16,81069	16,82921	16,84774	16,86628
18,20	16,88483	16,90339	16,92196	16,94054	16,95913	16,97773	16,99634	17,01496	17,03359	17,05223
18,30	17,07088	17,08955	17,10822	17,12690	17,14559	17,16429	17,18301	17,20173	17,22046	17,23921
18,40	17,25796	17,27672	17,29549	17,31428	17,33308	17,35188	17,37070	17,38952	17,40836	17,42720
18,50	17,44606	17,46492	17,48380	17,50268	17,52158	17,54049	17,55940	17,57833	17,59727	17,61622
18,60	17,63517	17,65414	17,67312	17,69211	17,71110	17,73011	17,74913	17,76816	17,78721	17,80625
18,70	17,82531	17,84438	17,86346	17,88255	17,90165	17,92076	17,93988	17,95901	17,97815	17,99730
18,80	18,01646	18,03563	18,05482	18,07401	18,09321	18,11242	18,13164	18,15088	18,17012	18,18937
18,90	18,20864	18,22791	18,24719	18,26649	18,28579	18,30511	18,32443	18,34377	18,36311	18,38247
19,00	18,40183	18,42121	18,44059	18,45999	18,47939	18,49881	18,51824	18,53767	18,56712	18,57658
19,10	18,59604	18,61552	18,63501	18,65451	18,67401	18,69353	18,71306	18,73260	18,75215	18,77171
19,20	18,79128	18,81086	18,83045	18,85005	18,86966	18,88928	18,90891	18,92855	18,94820	18,96786
19,30	18,98753	19,00721	19,02690	19,04660	19,06632	19,08604	19,10577	19,12551	19,14526	19,16503
19,40	19,18479	19,20458	19,22438	19,24418	19,26399	19,28382	19,30365	19,32350	19,34335	19,36322
19,50	19,38309	19,40298	19,42287	19,44278	19,46269	19,48262	19,50256	19,52250	19,54246	19,56243
19,60	19,68240	19,60239	19,62239	19,64239	19,66241	19,68244	19,70249	19,72253	19,74258	19,76265
19,70	19,78273	19,80283	19,82292	19,84303	19,86315	19,88328	19,90342	19,92357	19,94373	19,96390
19,80	19,98408	20,00427	20,02447	20,04469	20,06491	20,08514	20,10538	20,12563	20,14590	20,16617
19,90	20,18645	20,20674	20,22705	20,24736	20,26768	20,28802	20,30836	20,32872	20,34908	20,36946
20,00	20,38984	20,41023	20,43064	20,45106	20,47148	20,49192	20,51236	20,53282	20,55328	20,57376
20,10	20,59425	20,61475	20,63525	20,65577	20,67630	20,69683	20,71738	20,73794	20,75851	20,77909
20,20	20,79968	20,82027	20,84088	20,86150	20,88213	20,90277	20,92342	20,94408	20,96475	20,98543
20,30	21,00612	21,02682	21,04753	21,06826	21,08999	21,10973	21,13048	21,15124	21,17202	21,19280
20,40	21,21359	21,23439	21,25521	21,27603	21,29686	21,31771	21,33856	21,35942	21,38030	21,40118
20,50	21,42208	21,44298	21,46390	21,48482	21,50576	21,52670	21,54766	21,56862	21,58960	21,61058
20,60	21,63158	21,65259	21,67360	21,69463	21,71567	21,73672	21,75777	21,77884	21,79992	21,82101
20,70	21,84211	21,86321	21,88433	21,90546	21,92660	21,94775	21,96891	21,99008	22,01126	22,03245
20,80	22,05365	22,07486	22,09608	22,11731	22,13855	22,15981	22,18107	22,20234	22,22362	22,24491
20,90	22,26622	22,28753	22,30885	22,33018	22,35153	22,37288	22,39424	22,41562	22,43700	22,45839
21,00	22,47980	22,50121	22,52264	22,54407	22,56552	22,58697	22,60844	22,62991	22,65140	22,67290
21,10	22,69440	22,71592	22,73744	22,75898	22,78053	22,80209	22,82365	22,84523	22,86682	22,88842
21,20	22,91002	22,93164	22,95327	22,97491	22,99656	23,01822	23,03989	23,06157	23,08326	23,10496
21,30	23,12666	23,14839	23,17012	23,19186	23,21361	23,23537	23,25714	23,27892	23,30071	23,32252
21,40	23,34433	23,36615	23,38798	23,40983	23,43168	23,45354	23,47541	23,49730	23,51919	23,54109
21,50	23,56301	23,58493	23,60687	23,62881	23,65077	23,67273	23,69471	23,71669	23,73869	23,76069
21,60	23,78271	23,80474	23,82676	23,84882	23,87088	23,89294	23,91502	23,93711	23,95920	23,98131
21,70	24,00343	24,02556	24,04770	24,06984	24,09200	24,11417	24,13635	24,15754	24,18074	24,20295

VITESSES.	HAUTEURS CORRESPON-DANTES.	HAUTEURS CORRESPONDANT AUX VITESSES COTÉES EN MARGE, AUGMENTÉES DE								
		$0^m,01.$	$0^m,02.$	$0^m,03.$	$0^m,04.$	$0^m,05.$	$0^m,06.$	$0^m,07.$	$0^m,08.$	$0^m,09.$
mètres.	mètres.	mètres.	mètres.	mètres.	mètres.	mètres.	mètres.	mètres.	mètres.	mètres.
21,80	24,22517	24,24740	24,26964	24,29189	24,31415	24,33642	24,35870	24,38099	24,40329	24,42561
21,90	24,44793	24,47026	24,49260	24,51495	24,53732	24,55969	24,58207	24,60447	24,62687	24,64928
22,00	24,67170	24,69414	24,71658	24,73904	24,76150	24,78398	24,80646	24,82896	24,85146	24,87398
22,10	24,89650	24,91904	24,94159	24,96414	24,98671	25,00928	25,03187	25,05447	25,07708	25,09967
22,20	25,12232	25,14496	25,16761	25,19027	25,21293	25,23561	25,25830	25,28100	25,30371	25,32643
22,30	25,34916	25,37190	25,39465	25,41761	25,44018	25,46295	25,48575	25,50855	25,53136	25,55418
22,40	25,57701	25,59976	25,62271	25,64557	25,66844	25,69132	25,71422	25,73712	25,76055	25,78296
22,50	25,80589	25,82883	25,85179	25,87475	25,89773	25,92071	25,94371	25,96672	25,98973	26,01275
22,60	26,03579	26,05883	26,08189	26,10495	26,12803	26,15112	26,17421	26,19732	26,22044	26,24356
22,70	26,26670	26,28985	26,31301	26,33617	26,35935	26,38254	26,40574	26,42895	26,45217	26,47540
22,80	26,49864	26,52189	26,54515	26,56842	26,59170	26,61499	26,63829	26,66160	26,68482	26,70825
22,90	26,73159	26,75494	26,77830	26,80167	26,82506	26,84845	26,87185	26,89506	26,91869	26,94212
23,00	26,96556	26,98902	27,01248	27,03596	27,05944	27,08293	27,10644	27,12995	27,15348	27,17701
23,10	27,20056	27,22411	27,24768	27,27125	27,29484	27,31844	27,34204	27,36566	27,38928	27,41292
23,20	27,43657	27,46023	27,48389	27,50757	27,53126	27,55496	27,57867	27,60238	27,62611	27,64985
23,30	27,67360	27,69736	27,72113	27,74491	27,76870	27,79250	27,81631	27,84013	27,86396	27,88780
23,40	27,91165	27,93551	27,95938	27,98327	28,00716	28,03106	28,05497	28,07889	28,10283	28,12677
23,50	28,15072	28,17469	28,19866	28,22264	28,24663	28,27064	28,29465	28,31868	28,34271	28,36676
23,60	28,39081	28,41488	28,43895	28,46304	28,48713	28,51124	28,53536	28,55948	28,58362	28,60777
23,70	28,63192	28,65609	28,68027	28,70445	28,72865	28,75286	28,77708	28,80131	28,82554	28,84979
23,80	28,87405	28,89832	28,92260	28,94689	28,97119	28,99550	29,01982	29,04415	29,06849	29,09284
23,90	29,11720	29,14157	29,16595	29,19034	29,21475	29,23916	29,26358	29,28801	29,31245	29,33691
24,00	29,36137	29,38584	29,41034	29,43482	29,45932	29,48383	29,50836	29,53289	29,55744	29,58199
24,10	29,60656	29,63113	29,65572	29,68031	29,71492	29,72953	29,75416	29,77880	29,80344	29,82810
24,20	29,85276	29,87744	29,90213	29,92683	29,95153	29,97625	30,00098	30,02572	30,05046	30,07522
24,30	30,09999	30,12477	30,14956	30,17436	30,19917	30,22399	30,24882	30,27366	30,29851	30,32337
24,40	30,34824	30,37312	30,39801	30,42311	30,44782	30,47275	30,49767	30,52262	30,54757	30,57253
24,50	30,59750	30,62249	30,64748	30,67248	30,69750	30,72252	30,74755	30,77260	30,79765	30,82271
24,60	30,84779	30,87287	30,89797	30,92307	30,94819	30,97331	30,99845	31,02360	31,04875	31,07392
24,70	31,09909	31,12428	31,14948	31,17468	31,19990	31,22513	31,25037	31,27561	31,30087	31,32614
24,80	31,35142	31,37671	31,40201	31,42731	31,45263	31,47796	31,50330	31,52865	31,56062	31,57938
24,90	31,60476	31,63015	31,65555	31,68096	31,70638	31,73182	31,75799	31,78271	31,80817	31,83415
25,00	31,85912	31,88462	31,91012	31,93563	31,96116	31,98609	32,01223	32,03779	32,06335	32,08892
25,10	32,11451	32,14010	32,16571	32,19132	32,21694	32,24258	32,26823	32,29388	32,31955	32,34522
25,20	32,37091	32,39661	32,42231	32,44803	32,47376	32,49949	32,52524	32,55100	32,57677	32,60254
25,30	32,62833	32,65413	32,67994	32,70576	32,73159	32,75742	32,78327	32,80913	32,83500	32,86088
25,40	32,88612	32,91268	32,93858	32,96450	32,99043	33,01638	33,04233	33,06829	33,09426	33,12024
25,50	33,14623	33,17224	33,19825	33,22427	33,25040	33,27635	33,30240	33,32846	33,35454	33,38062
25,60	33,40671	33,43282	33,45893	33,48506	33,51115	33,53734	33,56349	33,58966	33,61583	33,64202
25,70	33,66821	33,69442	33,72064	33,74686	33,77310	33,79935	33,82560	33,85187	33,87815	33,90443
25,80	33,93073	33,95704	33,98336	34,00969	34,03603	34,06237	34,08273	34,11510	34,14148	34,16787
25,90	34,19427	34,22068	34,24710	34,27353	34,29987	34,32642	34,35288	34,37936	34,40584	34,43233
26,00	34,45883	34,48534	34,51186	34,53840	34,56494	34,59149	34,61805	34,64463	34,67121	34,69780
26,10	34,72441	34,75102	34,77765	34,80428	34,83092	34,85758	34,88424	34,91092	34,93760	34,96430
26,20	34,99100	35,01773	35,04445	35,07118	35,09793	35,12469	35,15145	35,17823	35,20502	35,23181
26,30	35,25862	35,28544	35,31227	35,33910	35,36596	35,39281	35,41968	35,44656	35,47345	35,50035
26,40	35,52726	35,55418	35,58111	35,60805	35,63500	35,66196	35,68803	35,71591	35,74290	35,76990
26,50	35,79691	35,82393	35,85097	35,87801	35,90506	35,93212	35,95920	35,98628	36,01337	36,04047

VITESSES.	HAUTEURS CORRESPONDANTES.	HAUTEURS CORRESPONDANT AUX VITESSES COTÉES EN MARGE, AUGMENTÉES DE								
		0^m,01.	0^m,02.	0^m,03.	0^m,04.	0^m,05.	0^m,06.	0^m,07.	0^m,08.	0^m,09.
mètres.	mètres.	mètres.	mètres.	mètres.	mètres.	mètres.	mètres.	mètres.	mètres.	mètres.
26,60	36,06759	36,09471	36,12186	36,14899	36,17614	36,20331	36,23048	36,25767	36,28486	36,31207
26,70	36,33928	36,36651	36,39375	36,42099	36,44825	36,47551	36,50279	36,53008	36,55737	36,58468
26,80	36,61200	36,63932	36,66666	36,69401	36,72137	36,74875	36,77611	36,80350	36,83091	36,85831
26,90	36,88573	36,91316	36,94060	36,96805	36,99551	37,02298	37,05046	37,07795	37,10545	37,13296
27,00	37,16048	37,18801	37,21556	37,24311	37,27067	37,29824	37,32582	37,35342	37,38102	37,40863
27,10	37,43626	37,46389	37,49153	37,51919	37,54685	37,57452	37,60221	37,62990	37,65761	37,68532
27,20	37,71305	37,74078	37,76853	37,79628	37,82405	37,85183	37,87961	37,90741	37,93522	37,96303
27,30	37,99086	38,01870	38,04654	38,07440	38,10227	38,13015	38,15804	38,18593	38,21384	38,24176
27,40	38,26969	38,29763	38,32558	38,35354	38,38151	38,40949	38,43748	38,46548	38,49349	38,52151
27,50	38,54954	38,57758	38,60563	38,63370	38,66177	38,68985	38,71794	38,74604	38,74416	38,80228
27,60	38,83041	38,85855	38,88671	38,91487	38,94304	38,97123	38,99942	39,02763	39,05584	39,08407
27,70	39,11230	39,14055	39,16880	39,19707	39,22534	39,25363	39,28192	39,31023	39,33855	39,36687
27,80	39,39521	39,42356	39,45191	39,48028	39,50866	39,53705	39,56544	39,59385	39,62227	39,65070
27,90	39,67914	39,70759	39,73605	39,76452	39,79300	39,82149	39,84998	39,87849	39,90702	39,93555
28,00	39,96409	39,99264	40,02120	40,04977	40,07835	40,10694	40,13554	40,16416	40,19278	40,22141
28,10	40,25005	40,27871	40,30737	40,33604	40,36473	40,39342	40,42212	40,45084	40,47956	40,50830
28,20	40,53704	40,56580	40,59456	40,62334	40,65212	40,68092	40,70972	40,73854	40,76736	40,79620
28,30	40,82505	40,85390	40,88277	40,91165	40,94054	40,96943	40,99829	41,02726	41,05619	41,08512
28,40	41,11407	41,14303	41,17200	41,20098	41,22997	41,25897	41,28798	41,31700	41,34603	41,37507
28,50	41,40412	41,43318	41,46225	41,49133	41,52042	41,54952	41,57864	41,60776	41,63689	41,66623
28,60	41,69518	41,72435	41,75352	41,78270	41,81190	41,84110	41,87031	41,89954	41,92877	41,95801
28,70	41,98727	42,01653	42,04581	42,07509	42,10439	42,13369	42,16301	42,19233	42,22167	42,25102
28,80	42,28037	42,30974	42,33912	42,36850	42,39790	42,42731	42,45672	42,48615	42,51559	42,54504
28,90	42,57450	42,60396	42,63344	42,66293	42,69243	42,72194	42,75146	42,78099	42,81053	42,84008
29,00	42,86964	42,89921	42,92879	42,95838	42,98790	43,01759	43,04721	43,07685	43,10649	43,13614
29,10	43,16580	43,19547	43,22516	43,25485	43,28455	43,31426	43,34399	43,37372	43,40347	43,43322
29,20	43,46298	43,49276	43,52254	43,55234	43,58214	43,61195	43,64178	43,67162	43,70146	43,73132
29,30	43,76118	43,79106	43,82095	43,85084	43,88075	43,91067	43,94058	43,97053	44,00048	44,03034
29,40	44,06040	44,09038	44,12037	44,15037	44,18038	44,21040	44,24043	44,27047	44,30052	44,33058
29,50	44,36065	44,39077	44,42082	44,45092	44,48103	44,51115	44,54128	44,57142	44,60157	44,63173
29,60	44,66191	44,69209	44,72228	44,75248	44,78267	44,81292	44,84315	44,87339	44,90365	44,93391
29,70	44,96418	44,99447	45,02476	45,05507	45,08538	45,11571	45,14604	45,17639	45,20674	45,23711
29,80	45,26748	45,29787	45,32827	45,35867	45,38909	45,41952	45,44995	45,48040	45,51086	45,54132
29,90	45,57180	45,60229	45,63279	45,66330	45,69381	45,72434	45,75488	45,78543	45,81599	45,84656
30,00	45,87714	45,90773	45,93833	45,96894	45,92956	46,03019	46,06083	46,09148	46,12214	46,15282
30,10	46,18350	46,21419	46,24489	46,27560	46,30633	46,33706	46,36780	46,39855	46,42932	46,46009
30,20	46,49087	46,52167	46,55247	46,58329	46,61408	46,64494	46,67579	46,70664	46,73751	46,76839
30,30	46,79927	46,83017	46,86107	46,89199	46,92291	46,95385	46,98480	47,01575	47,04672	47,07770
30,40	47,10869	47,13968	47,17069	47,20171	47,23274	47,26378	47,29483	47,32588	47,35695	47,38803
30,50	47,41912	47,45022	47,58133	47,51245	47,54358	47,57472	47,60587	47,63703	47,66820	47,69939
30,60	47,73058	47,76178	47,79299	47,82421	47,85544	47,88669	47,91794	47,94920	47,98047	48,01176
30,70	48,04305	48,07436	48,10567	48,13699	48,16833	48,19967	48,23102	48,26239	48,29376	48,32515
30,80	48,35654	48,38795	48,41937	48,45079	48,42223	48,51367	48,54511	48,57660	48,60807	48,63956
30,90	48,67106	48,70257	48,73408	48,76561	48,79715	48,82870	48,86026	48,89182	48,92340	48,95499
31,00	48,98659	49,01820	49,04982	49,08145	49,11309	49,14474	49,17640	49,20807	49,23975	49,27144
31,10	49,30314	49,33485	49,36658	49,39831	49,43005	49,46180	49,49356	49,52534	49,55712	49,58891
31,20	49,62071	49,65253	49,68435	49,71618	49,74803	49,77988	49,81175	49,84363	49,87551	49,90740
31,30	49,93931	49,97122	50,00315							

NOTA.

La table n° 10 peut servir aussi à trouver approximativement la racine carrée d'un nombre donné K; il suffit pour cela de poser

$$K = 2g\mathrm{H},$$

d'où

$$\mathrm{H} = \frac{1}{2g} \cdot K = 0{,}0509746\,K,$$

et la valeur de la vitesse correspondant à cette dernière valeur de H donnera la racine de K.

Prenons, par exemple, $K = 80{,}10$; on en déduira, par l'équation précédente,

$$\mathrm{H} = 4{,}0821;$$

sur la ligne horizontale correspondant, dans la table, à la valeur $\mathrm{H} = 4{,}0377$, colonne des hauteurs, on trouve le nombre $4{,}0832$, qui se rapproche le plus de $4{,}0821$, et à ce dernier correspond la vitesse $\mathrm{V} = 8{,}95$.

Le carré de $8{,}95$, qui est $80{,}1025$, reproduit, en négligeant les deux dernières décimales, le nombre donné $K = 80{,}10$.

TABLE N° 11

POUR LES DÉVERSOIRS DONNANT LES VALEURS DE $H^{\frac{3}{2}}$ EN REGARD DES VALEURS DE H.

H.	$H^{\frac{3}{2}}$.	H.	$H^{\frac{3}{2}}$.	H.	$H^{\frac{3}{2}}$.	H.	$H^{\frac{3}{2}}$.	H.	$H^{\frac{3}{2}}$.	H.	$H^{\frac{3}{2}}$.
mètres.	mètres.	mètres.	mètres.	mètres.	mètres.	mètres.	mètres.	mètres.	mètres.	mètres.	mètres.
0,01	0,001	0,44	0,292	0,87	0,812	1,30	1,482	1,73	2,275	2,16	3,174
0,02	0,003	0,45	0,302	0,88	0,826	1,31	1,499	1,74	2,295	2,17	3,196
0,03	0,005	0,46	0,312	0,89	0,840	1,32	1,516	1,75	2,315	2,18	3,219
0,04	0,008	0,47	0,322	0,90	0,854	1,33	1,534	1,76	2,335	2,19	3,241
0,05	0,011	0,48	0,332	0,91	0,868	1,34	1,551	1,77	2,355	2,20	3,263
0,06	0,015	0,49	0,343	0,92	0,882	1,35	1,568	1,78	2,375	2,21	3,285
0,07	0,019	0,50	0,354	0,93	0,897	1,36	1,585	1,79	2,395	2,22	3,308
0,08	0,023	0,51	0,364	0,94	0,911	1,37	1,603	1,80	2,415	2,23	3,330
0,09	0,027	0,52	0,375	0,95	0,926	1,38	1,621	1,81	2,435	2,24	3,352
0,10	0,032	0,53	0,386	0,96	0,941	1,39	1,639	1,82	2,455	2,25	3,375
0,11	0,037	0,54	0,397	0,97	0,955	1,40	1,657	1,83	2,475	2,26	3,398
0,12	0,042	0,55	0,408	0,98	0,970	1,41	1,674	1,84	2,496	2,27	3,420
0,13	0,047	0,56	0,419	0,99	0,985	1,42	1,692	1,85	2,516	2,28	3,443
0,14	0,052	0,57	0,430	1,00	1,000	1,43	1,710	1,86	2,537	2,29	3,465
0,15	0,058	0,58	0,441	1,01	1,015	1,44	1,728	1,87	2,557	2,30	3,488
0,16	0,064	0,59	0,453	1,02	1,030	1,45	1,746	1,88	2,578	2,31	3,511
0,17	0,070	0,60	0,465	1,03	1,045	1,46	1,764	1,89	2,598	2,32	3,534
0,18	0,076	0,61	0,476	1,04	1,061	1,47	1,782	1,90	2,619	2,33	3,557
0,19	0,083	0,62	0,488	1,05	1,076	1,48	1,800	1,91	2,640	2,34	3,580
0,20	0,089	0,63	0,500	1,06	1,091	1,49	1,819	1,92	2,660	2,35	3,602
0,21	0,096	0,64	0,512	1,07	1,107	1,50	1,837	1,93	2,681	2,36	3,625
0,22	0,103	0,65	0,524	1,08	1,122	1,51	1,855	1,94	2,702	2,37	3,649
0,23	0,110	0,66	0,536	1,09	1,138	1,52	1,874	1,95	2,723	2,38	3,672
0,24	0,117	0,67	0,548	1,10	1,154	1,53	1,892	1,96	2,744	2,39	3,695
0,25	0,125	0,68	0,560	1,11	1,169	1,54	1,911	1,97	2,765	2,40	3,718
0,26	0,133	0,69	0,573	1,12	1,185	1,55	1,930	1,98	2,786	2,41	3,741
0,27	0,140	0,70	0,585	1,13	1,201	1,56	1,948	1,99	2,807	2,42	3,765
0,28	0,148	0,71	0,598	1,14	1,217	1,57	1,967	2,00	2,828	2,43	3,788
0,29	0,156	0,72	0,611	1,15	1,233	1,58	1,986	2,01	2,850	2,44	3,811
0,30	0,164	0,73	0,624	1,16	1,249	1,59	2,005	2,02	2,871	2,45	3,835
0,31	0,172	0,74	0,637	1,17	1,265	1,60	2,024	2,03	2,892	2,46	3,858
0,32	0,181	0,75	0,650	1,18	1,282	1,61	2,043	2,04	2,914	2,47	3,882
0,33	0,189	0,76	0,663	1,19	1,298	1,62	2,062	2,05	2,935	2,48	3,905
0,34	0,198	0,77	0,676	1,20	1,314	1,63	2,081	2,06	2,957	2,49	3,929
0,35	0,207	0,78	0,689	1,21	1,331	1,64	2,100	2,07	2,978	2,50	3,953
0,36	0,216	0,79	0,702	1,22	1,347	1,65	2,119	2,08	3,000	2,51	3,977
0,37	0,225	0,80	0,715	1,23	1,364	1,66	2,139	2,09	3,021	2,52	4,000
0,38	0,234	0,81	0,729	1,24	1,381	1,67	2,158	2,10	3,043	2,53	4,024
0,39	0,243	0,82	0,742	1,25	1,397	1,68	2,177	2,11	3,065	2,54	4,048
0,40	0,253	0,83	0,756	1,26	1,414	1,69	2,197	2,12	3,087	2,55	4,072
0,41	0,263	0,84	0,770	1,27	1,431	1,70	2,217	2,13	3,109	2,56	4,096
0,42	0,273	0,85	0,784	1,28	1,448	1,71	2,236	2,14	3,131	2,57	4,120
0,43	0,282	0,86	0,798	1,29	1,465	1,72	2,256	2,15	3,153	2,58	4,144

H.	$H^{\frac{3}{2}}$.	H.	$H^{\frac{3}{2}}$.	H.	$H^{\frac{3}{2}}$.	H.	$H^{\frac{3}{2}}$.	H.	$H^{\frac{3}{2}}$.	H.	$H^{\frac{3}{2}}$.
mètres.	mètres.	mètres.	mètres.	mètres.	mètres.	mètres.	mètres.	mètres.	mètres.	mètres.	mètres.
2,59	4,168	2,83	4,761	3,07	5,379	3,31	6,022	3,55	6,689	3,79	7,378
2,60	4,192	2,84	4,786	3,08	5,405	3,32	6,049	3,56	6,717	3,80	7,408
2,61	4,217	2,85	4,811	3,09	5,432	3,33	6,077	3,57	6,745	3,81	7,437
2,62	4,241	2,86	4,837	3,10	5,458	3,34	6,104	3,58	6,773	3,82	7,466
2,63	4,265	2,87	4,862	3,11	5,484	3,35	6,131	3,59	6,802	3,83	7,495
2,64	4,290	2,88	4,887	3,12	5,511	3,36	6,159	3,60	6,831	3,84	7,525
2,65	4,314	2,89	4,913	3,13	5,537	3,37	6,186	3,61	6,859	3,85	7,554
2,66	4,338	2,90	4,938	3,14	5,564	3,38	6,214	3,62	6,888	3,86	7,584
2,67	4,363	2,91	4,964	3,15	5,591	3,39	6,242	3,63	6,916	3,87	7,613
2,68	4,387	2,92	4,990	3,16	5,617	3,40	6,269	3,64	6,945	3,88	7,643
2,69	4,412	2,93	5,015	3,17	5,644	3,41	6,297	3,65	6,973	3,89	7,672
2,70	4,437	2,94	5,041	3,18	5,671	3,42	6,325	3,66	7,002	3,90	7,702
2,71	4,461	2,95	5,067	3,19	5,697	3,43	6,352	3,67	7,031	3,91	7,731
2,72	4,486	2,96	5,093	3,20	5,724	3,44	6,380	3,68	7,059	3,92	7,761
2,73	4,511	2,97	5,118	3,21	5,751	3,45	6,408	3,69	7,088	3,93	7,791
2,74	4,536	2,98	5,144	3,22	5,778	3,46	6,436	3,70	7,117	3,94	7,821
2,75	4,560	2,99	5,170	3,23	5,805	3,47	6,464	3,71	7,146	3,95	7,850
2,76	4,585	3,00	5,196	3,24	5,832	3,48	6,492	3,72	7,175	3,96	7,880
2,77	4,610	3,01	5,222	3,25	5,859	3,49	6,520	3,73	7,204	3,97	7,910
2,78	4,635	3,02	5,248	3,26	5,886	3,50	6,548	3,74	7,233	3,98	7,940
2,79	4,660	3,03	5,274	3,27	5,913	3,51	6,576	3,75	7,262	3,99	7,970
2,80	4,685	3,04	5,300	3,28	5,940	3,52	6,604	3,76	7,291	4,00	8,000
2,81	4,710	3,05	5,327	3,29	5,967	3,53	6,632	3,77	7,320		
2,82	4,735	3,06	5,353	3,30	5,995	3,54	6,660	3,78	7,349		

Nota. — La table n° 11 s'applique à la formule du déversoir

$$q = mlH\sqrt{2gH}$$

lorsqu'on la met sous la forme

$$q = m\sqrt{2g}\, lH^{\frac{3}{2}} = 4,43\, mlH^{\frac{3}{2}}.$$

TABLE Nᵒ 12.

TABLE DE PRONY POUR LES CONDUITS.

VITESSES MOYENNES U.	VALEURS CORRESPONDANTES DE $\frac{1}{4}$ DJ.	VITESSES MOYENNES U.	VALEURS CORRESPONDANTES DE $\frac{1}{4}$ DJ.	VITESSES MOYENNES U.	VALEURS CORRESPONDANTES DE $\frac{1}{4}$ DJ.
0,01	0,0000002	0,44	0,0000750	0,87	0,0002787
0,02	0,0000005	0,45	0,0000783	0,88	0,0002849
0,03	0,0000008	0,46	0,0000817	0,89	0,0002913
0,04	0,0000013	0,47	0,0000851	0,90	0,0002977
0,05	0,0000017	0,48	0,0000886	0,91	0,0003042
0,06	0,0000023	0,49	0,0000921	0,92	0,0003107
0,07	0,0000029	0,50	0,0000957	0,93	0,0003173
0,08	0,0000036	0,51	0,0000994	0,94	0,0003240
0,09	0,0000044	0,52	0,0001032	0,95	0,0003308
0,10	0,0000052	0,53	0,0001070	0,96	0,0003376
0,11	0,0000061	0,54	0,0001109	0,97	0,0003445
0,12	0,0000071	0,55	0,0001149	0,98	0,0003515
0,13	0,0000081	0,56	0,0001189	0,99	0,0003585
0,14	0,0000093	0,57	0,0001230	1,00	0,0003656
0,15	0,0000104	0,58	0,0001272	1,01	0,0003728
0,16	0,0000117	0,59	0,0001315	1,02	0,0003800
0,17	0,0000130	0,60	0,0001358	1,03	0,0003873
0,18	0,0000144	0,61	0,0001402	1,04	0,0003947
0,19	0,0000159	0,62	0,0001446	1,05	0,0004022
0,20	0,0000174	0,63	0,0001491	1,06	0,0004097
0,21	0,0000190	0,64	0,0001537	1,07	0,0004173
0,22	0,0000207	0,65	0,0001584	1,08	0,0004249
0,23	0,0000224	0,66	0,0001631	1,09	0,0004327
0,24	0,0000242	0,67	0,0001679	1,10	0,0004405
0,25	0,0000261	0,68	0,0001728	1,11	0,0004483
0,26	0,0000280	0,69	0,0001778	1,12	0,0004563
0,27	0,0000301	0,70	0,0001828	1,13	0,0004643
0,28	0,0000322	0,71	0,0001879	1,14	0,0004724
0,29	0,0000343	0,72	0,0001930	1,15	0,0004805
0,30	0,0000365	0,73	0,0001982	1,16	0,0004887
0,31	0,0000388	0,74	0,0002035	1,17	0,0004970
0,32	0,0000412	0,75	0,0002089	1,18	0,0005054
0,33	0,0000436	0,76	0,0002143	1,19	0,0005138
0,34	0,0000462	0,77	0,0002198	1,20	0,0005223
0,35	0,0000487	0,78	0,0002254	1,21	0,0005309
0,36	0,0000514	0,79	0,0002310	1,22	0,0005395
0,37	0,0000541	0,80	0,0002368	1,23	0,0005482
0,38	0,0000569	0,81	0,0002425	1,24	0,0005570
0,39	0,0000597	0,82	0,0002484	1,25	0,0005658
0,40	0,0000627	0,83	0,0002543	1,26	0,0005747
0,41	0,0000656	0,84	0,0002603	1,27	0,0005837
0,42	0,0000687	0,85	0,0002663	1,28	0,0005928
0,43	0,0000718	0,86	0,0002725	1,29	0,0006019

VITESSES MOYENNES U.	VALEURS CORRESPONDANTES DE $\frac{1}{4}$ DJ.	VITESSES MOYENNES U.	VALEURS CORRESPONDANTES DE $\frac{1}{4}$ DJ.	VITESSES MOYENNES U.	VALEURS CORRESPONDANTES DE $\frac{1}{4}$ DJ.
1,30	0,0006111	1,87	0,0012502	2,44	0,0021157
1,31	0,0006204	1,88	0,0012635	2,45	0,0021329
1,32	0,0006297	1,89	0,0012768	2,46	0,0021502
1,33	0,0006391	1,90	0,0012901	2,47	0,0021675
1,34	0,0006486	1,91	0,0013036	2,48	0,0021849
1,35	0,0006581	1,92	0,0013171	2,49	0,0022024
1,36	0,0006677	1,93	0,0013307	2,50	0,0022199
1,37	0,0006774	1,94	0,0013443	2,51	0,0022376
1,38	0,0006871	1,95	0,0013581	2,52	0,0022553
1,39	0,0006970	1,96	0,0013718	2,53	0,0022730
1,40	0,0007069	1,97	0,0013857	2,54	0,0022908
1,41	0,0007168	1,98	0,0013996	2,55	0,0023087
1,42	0,0007268	1,99	0,0014136	2,56	0,0023267
1,43	0,0007369	2,00	0,0014277	2,57	0,0023448
1,44	0,0007471	2,01	0,0014418	2,58	0,0023629
1,45	0,0007573	2,02	0,0014560	2,59	0,0023810
1,46	0,0007677	2,03	0,0014703	2,60	0,0023993
1,47	0,0007780	2,04	0,0014847	2,61	0,0024176
1,48	0,0007885	2,05	0,0014991	2,62	0,0024360
1,49	0,0007990	2,06	0,0015136	2,63	0,0024545
1,50	0,0008096	2,07	0,0015281	2,64	0,0024730
1,51	0,0008202	2,08	0,0015428	2,65	0,0024916
1,52	0,0008310	2,09	0,0015575	2,66	0,0025102
1,53	0,0008418	2,10	0,0015722	2,67	0,0025290
1,54	0,0008526	2,11	0,0015871	2,68	0,0025478
1,55	0,0008636	2,12	0,0016020	2,69	0,0025667
1,56	0,0008746	2,13	0,0016169	2,70	0,0025856
1,57	0,0008856	2,14	0,0016320	2,71	0,0026046
1,58	0,0008968	2,15	0,0016471	2,72	0,0026237
1,59	0,0009080	2,16	0,0016623	2,73	0,0026429
1,60	0,0009193	2,17	0,0016775	2,74	0,0026621
1,61	0,0009306	2,18	0,0016928	2,75	0,0026814
1,62	0,0009420	2,19	0,0017082	2,76	0,0027007
1,63	0,0009535	2,20	0,0017237	2,77	0,0027202
1,64	0,0009651	2,21	0,0017392	2,78	0,0027397
1,65	0,0009767	2,22	0,0017548	2,79	0,0027592
1,66	0,0009884	2,23	0,0017705	2,80	0,0027789
1,67	0,0010002	2,24	0,0017862	2,81	0,0027986
1,68	0,0010120	2,25	0,0018021	2,82	0,0028184
1,69	0,0010240	2,26	0,0018179	2,83	0,0028382
1,70	0,0010359	2,27	0,0018339	2,84	0,0028581
1,71	0,0010480	2,28	0,0018499	2,85	0,0028781
1,72	0,0010601	2,29	0,0018660	2,86	0,0028982
1,73	0,0010723	2,30	0,0018822	2,87	0,0029183
1,74	0,0010845	2,31	0,0018984	2,88	0,0029385
1,75	0,0010969	2,32	0,0019147	2,89	0,0029588
1,76	0,0011093	2,33	0,0019310	2,90	0,0029791
1,77	0,0011217	2,34	0,0019475	2,91	0,0029995
1,78	0,0011343	2,35	0,0019640	2,92	0,0030200
1,79	0,0011469	2,36	0,0019806	2,93	0,0030405
1,80	0,0011596	2,37	0,0019972	2,94	0,0030612
1,81	0,0011723	2,38	0,0020139	2,95	0,0030819
1,82	0,0011851	2,39	0,0020307	2,96	0,0031026
1,83	0,0011980	2,40	0,0020476	2,97	0,0031234
1,84	0,0012110	2,41	0,0020645	2,98	0,0031443
1,85	0,0012240	2,42	0,0020815	2,99	0,0031653
1,86	0,0012371	2,43	0,0020985	3,00	0,0031863

TRAITÉ D'HYDRAULIQUE.

TABLE N° 13.

TABLE N° 2 DE M. BAZIN POUR LES CANAUX DÉCOUVERTS, DONNANT LES VALEURS DE $\dfrac{U}{\sqrt{R_m\,i}}$ CORRESPONDANT AUX VALEURS DU RAYON MOYEN R_m COMPRISES ENTRE $0^m,01$ ET $6^m,00$.

VALEURS DE R_m.	VALEURS DE $\dfrac{U}{\sqrt{R_m\,i}}$.				VALEURS DE R_m.	VALEURS DE $\dfrac{U}{\sqrt{R_m\,i}}$.			
	PAROIS TRÈS UNIES (ciment lissé, bois raboté avec soin).	PAROIS UNIES (planches, pierre de taille).	PAROIS PEU UNIES (en maçonnerie de moellons).	PAROIS EN TERRE.		PAROIS TRÈS UNIES (ciment lissé, bois raboté avec soin).	PAROIS UNIES (planches, pierre de taille).	PAROIS PEU UNIES (en maçonnerie de moellons).	PAROIS EN TERRE.
0,01	40,8	"	"	"	0,47	79,2	67,7	52,2	31,2
0,02	51,6	34,2	"	"	0,48	79,2	67,8	52,3	31,5
0,03	57,7	39,7	"	"	0,49	79,3	67,9	52,5	31,7
0,04	61,7	43,8	"	"	0,50	79,3	67,9	52,7	31,9
0,05	64,6	46,8	26,4	"	0,51	79,4	68,0	52,9	32,2
0,06	66,7	49,3	28,4	"	0,52	79,4	68,1	53,0	32,4
0,07	68,3	51,3	30,2	"	0,53	79,4	68,2	53,2	32,6
0,08	69,6	53,0	31,8	"	0,54	79,5	68,3	53,4	32,8
0,09	70,7	54,4	33,2	"	0,55	79,5	68,3	53,5	33,0
0,10	71,6	55,6	34,5	16,3	0,56	79,5	68,4	53,7	33,2
0,11	72,4	56,7	35,7	17,0	0,57	79,6	68,5	53,8	33,4
0,12	73,0	57,7	36,8	17,7	0,58	79,6	68,5	54,0	33,6
0,13	73,6	58,5	37,8	18,3	0,59	79,6	68,6	54,1	33,8
0,14	74,1	59,2	38,7	19,0	0,60	79,7	68,7	54,2	34,0
0,15	74,5	59,9	39,5	19,6	0,61	79,7	68,7	54,4	34,2
0,16	74,9	60,5	40,3	20,1	0,62	79,7	68,8	54,5	34,4
0,17	75,3	61,1	41,1	20,7	0,63	79,8	68,8	54,6	34,6
0,18	75,6	61,6	41,8	21,2	0,64	79,8	68,9	54,7	34,8
0,19	75,9	62,0	42,4	21,7	0,65	79,8	68,9	54,9	35,0
0,20	76,1	62,4	43,0	22,2	0,66	79,9	69,0	55,0	35,1
0,21	76,4	62,8	43,6	22,7	0,67	79,9	69,0	55,1	35,3
0,22	76,6	63,2	44,2	23,1	0,68	79,9	69,1	55,2	35,5
0,23	76,8	63,5	44,7	23,6	0,69	79,9	69,1	55,3	35,7
0,24	77,0	63,8	45,2	24,0	0,70	80,0	69,2	55,4	35,8
0,25	77,2	64,1	45,6	24,4	0,71	80,0	69,2	55,5	36,0
0,26	77,3	64,4	46,1	24,8	0,72	80,0	69,3	55,6	36,1
0,27	77,5	64,7	46,5	25,2	0,73	80,0	69,3	55,7	36,3
0,28	77,6	64,9	46,9	25,6	0,74	80,0	69,3	55,8	36,4
0,29	77,7	65,1	47,3	25,9	0,75	80,1	69,4	55,9	36,6
0,30	77,9	65,3	47,7	26,3	0,76	80,1	69,4	56,0	36,8
0,31	78,0	65,5	48,0	26,6	0,77	80,1	69,5	56,1	36,9
0,32	78,1	65,7	48,4	27,0	0,78	80,1	69,5	56,2	37,0
0,33	78,2	65,9	48,7	27,3	0,79	80,1	69,5	56,3	37,2
0,34	78,3	66,1	49,0	27,6	0,80	80,2	69,6	56,3	37,3
0,35	78,4	66,2	49,3	28,0	0,81	80,2	69,6	56,4	37,5
0,36	78,5	66,4	49,6	28,3	0,82	80,2	69,6	56,5	37,6
0,37	78,5	66,5	49,9	28,6	0,83	80,2	69,7	56,6	37,8
0,38	78,6	66,7	50,1	28,9	0,84	80,2	69,7	56,7	37,9
0,39	78,7	66,8	50,4	29,2	0,85	80,2	69,7	56,8	38,0
0,40	78,8	66,9	50,6	29,4	0,86	80,3	69,8	56,8	38,2
0,41	78,8	67,1	50,9	29,7	0,87	80,3	69,8	56,9	38,3
0,42	78,9	67,2	51,1	30,0	0,88	80,3	69,8	57,0	38,4
0,43	78,9	67,3	51,3	30,2	0,89	80,3	69,9	57,0	38,5
0,44	79,0	67,4	51,5	30,5	0,90	80,3	69,9	57,1	38,7
0,45	79,1	67,5	51,8	30,7	0,91	80,3	69,9	57,2	38,8
0,46	79,1	67,6	52,0	31,0	0,92	80,3	69,9	57,2	38,9

VALEURS DE R_m	VALEURS DE $\frac{U}{\sqrt{R_m i}}$			
	PAROIS TRÈS UNIES (ciment lissé, bois raboté avec soin).	PAROIS UNIES (planches, pierre de taille).	PAROIS PEU UNIES (en maçonnerie de moellons).	PAROIS EN TERRE.
0,93	80,4	70,0	57,3	39,0
0,94	80,4	70,0	57,4	39,2
0,95	80,4	70,0	57,4	39,3
0,96	80,4	70,0	57,5	39,4
0,97	80,4	70,1	57,6	39,5
0,98	80,4	70,1	57,6	39,6
0,99	80,4	70,1	57,7	39,7
1,00	80,4	70,1	57,7	39,8
1,02	80,5	70,2	57,9	40,1
1,04	80,5	70,2	58,0	40,3
1,06	80,5	70,3	58,1	40,5
1,08	80,5	70,3	58,2	40,7
1,10	80,6	70,3	58,3	40,9
1,12	80,6	70,4	58,4	41,1
1,14	80,6	70,4	58,5	41,3
1,16	80,6	70,4	58,6	41,5
1,18	80,6	70,5	58,6	41,6
1,20	80,6	70,5	58,7	41,8
1,22	80,7	70,5	58,8	42,0
1,24	80,7	70,6	58,9	42,2
1,26	80,7	70,6	59,0	42,3
1,28	80,7	70,6	59,0	42,5
1,30	80,7	70,7	59,1	42,7
1,32	80,7	70,7	59,2	42,8
1,34	80,7	70,7	59,3	43,0
1,36	80,8	70,7	59,3	43,1
1,38	80,8	70,8	59,4	43,3
1,40	80,8	70,8	59,5	43,4
1,42	80,8	70,8	59,5	43,6
1,44	80,8	70,8	59,6	43,7
1,46	80,8	70,9	59,6	43,9
1,48	80,8	70,9	59,7	44,0
1,50	80,8	70,9	59,8	44,1
1,52	80,9	70,9	59,8	44,3
1,54	80,9	71,0	59,9	44,4
1,56	80,9	71,0	59,9	44,5
1,58	80,9	71,0	60,0	44,7
1,60	80,9	71,0	60,0	44,8
1,62	80,9	71,0	60,1	44,9
1,64	80,9	71,1	60,1	45,0
1,66	80,9	71,1	60,2	45,1
1,68	80,9	71,1	60,2	45,3
1,70	80,9	71,1	60,3	45,4
1,72	80,9	71,1	60,3	45,5

VALEURS DE R_m	VALEURS DE $\frac{U}{\sqrt{R_m i}}$			
	PAROIS TRÈS UNIES (ciment lissé, bois raboté avec soin.)	PAROIS UNIES (planches, pierre de taille).	PAROIS PEU UNIES (en maçonnerie de moellons).	PAROIS EN TERRE.
1,74	81,0	71,1	60,4	45,6
1,76	81,0	71,1	60,4	45,7
1,78	81,0	71,2	60,4	45,8
1,80	81,0	71,2	60,5	45,9
1,82	81,0	71,2	60,5	46,0
1,84	81,0	71,2	60,6	46,1
1,86	81,0	71,2	60,6	46,2
1,88	81,0	71,2	60,6	46,3
1,90	81,0	71,2	60,7	46,4
1,92	81,0	71,3	60,7	46,5
1,94	81,0	71,3	60,8	46,6
1,96	81,0	71,3	60,8	46,7
1,98	81,0	71,3	60,8	46,8
2,00	81,0	71,3	60,9	46,9
2,10	81,1	71,4	61,0	47,3
2,20	81,1	71,4	61,2	47,7
2,30	81,1	71,5	61,3	48,1
2,40	81,1	71,5	61,4	48,5
2,50	81,2	71,6	61,5	48,8
2,60	81,2	71,6	61,6	49,1
2,70	81,2	71,6	61,8	49,4
2,80	81,2	71,7	61,9	49,7
2,90	81,2	71,7	61,9	50,0
3,00	81,2	71,7	62,0	50,2
3,10	81,3	71,7	62,1	50,4
3,20	81,3	71,8	62,1	50,7
3,30	81,3	71,8	62,2	50,9
3,40	81,3	71,8	62,3	51,1
3,50	81,3	71,8	62,3	51,3
3,60	81,3	71,9	62,4	51,5
3,70	81,3	71,9	62,5	51,7
3,80	81,3	71,9	62,5	51,9
3,90	81,3	71,9	62,6	52,0
4,00	81,3	71,9	62,6	52,2
4,25	81,4	72,0	62,7	52,5
4,50	81,4	72,0	62,8	52,9
4,75	81,4	72,0	62,9	53,2
5,00	81,4	72,0	63,0	53,5
5,25	81,4	72,1	63,1	53,7
5,50	81,4	72,1	63,1	53,9
5,75	81,4	72,1	63,2	54,2
6,00	81,4	72,1	63,2	54,4

NOTA. — Les valeurs numériques de $\frac{U}{\sqrt{R_m i}}$ sont celles de K dans la formule $U = K \sqrt{R_m i}$, puisque, d'après la formule $B_1 U^2 = R_m i$, on a $\frac{U}{\sqrt{R_m i}} = \frac{1}{\sqrt{B_1}} = K$.

Table n° 14.

TABLE N° 1 DE M. BAZIN POUR LES CANAUX DÉCOUVERTS, DONNANT LES VALEURS DE $\dfrac{R_m i}{U^2}$ CORRESPONDANT AUX VALEURS DU RAYON MOYEN R_m COMPRISES ENTRE $0^m,01$ ET $6^m,00$.

VALEURS DE R_m.	VALEURS DE $\dfrac{R_m i}{U^2}$.			
	PAROIS TRÈS UNIES (ciment lissé, bois raboté avec soin).	PAROIS UNIES (planches, pierre de taille).	PAROIS PEU UNIES (en maçonnerie de moellons).	PAROIS EN TERRE.
0,01	0,000600	"	"	"
0,02	0,000375	0,000855	"	"
0,03	0,000300	0,000633	"	"
0,04	0,000262	0,000522	"	"
0,05	0,000240	0,000456	0,001440	"
0,06	0,000225	0,000412	0,001240	"
0,07	0,000214	0,000380	0,001097	"
0,08	0,000206	0,000356	0,000990	"
0,09	0,000200	0,000338	0,000907	"
0,10	0,000195	0,000323	0,000840	0,003780
0,11	0,000191	0,000311	0,000785	0,003462
0,12	0,000188	0,000301	0,000740	0,003197
0,13	0,000185	0,000292	0,000702	0,002972
0,14	0,000182	0,000285	0,000669	0,002780
0,15	0,000180	0,000279	0,000640	0,002613
0,16	0,000178	0,000273	0,000615	0,002468
0,17	0,000176	0,000268	0,000593	0,002339
0,18	0,000175	0,000264	0,000573	0,002224
0,19	0,000174	0,000260	0,000556	0,002122
0,20	0,000172	0,000256	0,000540	0,002030
0,21	0,000171	0,000253	0,000526	0,001947
0,22	0,000170	0,000250	0,000513	0,001871
0,23	0,000170	0,000248	0,000501	0,001802
0,24	0,000169	0,000245	0,000490	0,001738
0,25	0,000168	0,000243	0,000480	0,001680
0,26	0,000167	0,000241	0,000471	0,001626
0,27	0,000167	0,000239	0,000462	0,001576
0,28	0,000166	0,000237	0,000454	0,001530
0,29	0,000166	0,000236	0,000447	0,001487
0,30	0,000165	0,000234	0,000440	0,001447
0,31	0,000165	0,000233	0,000434	0,001409
0,32	0,000164	0,000232	0,000428	0,001374
0,33	0,000164	0,000230	0,000422	0,001341
0,34	0,000163	0,000229	0,000416	0,001309
0,35	0,000163	0,000228	0,000411	0,001280
0,36	0,000163	0,000227	0,000407	0,001252
0,37	0,000162	0,000226	0,000402	0,001226
0,38	0,000162	0,000225	0,000398	0,001201
0,39	0,000162	0,000224	0,000394	0,001177
0,40	0,000161	0,000223	0,000390	0,001155

VALEURS DE R_m.	VALEURS DE $\dfrac{R_m i}{U^2}$.			
	PAROIS TRÈS UNIES (ciment lissé, bois raboté avec soin).	PAROIS UNIES (planches, pierre de taille).	PAROIS PEU UNIES (en maçonnerie de moellons).	PAROIS EN TERRE.
0,41	0,000161	0,000222	0,000386	0,001134
0,42	0,000161	0,000222	0,000383	0,001113
0,43	0,000160	0,000221	0,000380	0,001094
0,44	0,000160	0,000220	0,000376	0,001075
0,45	0,000160	0,000220	0,000373	0,001058
0,46	0,000160	0,000219	0,000370	0,001041
0,47	0,000160	0,000218	0,000368	0,001025
0,48	0,000159	0,000218	0,000365	0,001009
0,49	0,000159	0,000217	0,000362	0,000994
0,50	0,000159	0,000217	0,000360	0,000980
0,51	0,000159	0,000216	0,000358	0,000966
0,52	0,000159	0,000216	0,000355	0,000953
0,53	0,000158	0,000215	0,000353	0,000940
0,54	0,000158	0,000215	0,000351	0,000928
0,55	0,000158	0,000214	0,000349	0,000916
0,56	0,000158	0,000214	0,000347	0,000905
0,57	0,000158	0,000213	0,000345	0,000894
0,58	0,000158	0,000213	0,000343	0,000883
0,59	0,000158	0,000213	0,000342	0,000873
0,60	0,000158	0,000212	0,000340	0,000863
0,61	0,000157	0,000212	0,000338	0,000854
0,62	0,000157	0,000211	0,000337	0,000845
0,63	0,000157	0,000211	0,000335	0,000836
0,64	0,000157	0,000211	0,000334	0,000827
0,65	0,000157	0,000210	0,000332	0,000818
0,66	0,000157	0,000210	0,000331	0,000810
0,67	0,000157	0,000210	0,000330	0,000802
0,68	0,000157	0,000210	0,000328	0,000795
0,69	0,000157	0,000209	0,000327	0,000787
0,70	0,000156	0,000209	0,000326	0,000780
0,71	0,000156	0,000209	0,000325	0,000773
0,72	0,000156	0,000208	0,000323	0,000766
0,73	0,000156	0,000208	0,000322	0,000759
0,74	0,000156	0,000208	0,000321	0,000753
0,75	0,000156	0,000208	0,000320	0,000747
0,76	0,000156	0,000208	0,000319	0,000741
0,77	0,000156	0,000207	0,000318	0,000735
0,78	0,000156	0,000207	0,000317	0,000729
0,79	0,000156	0,000207	0,000316	0,000723
0,80	0,000156	0,000207	0,000315	0,000718
0,81	0,000156	0,000206	0,000314	0,000712
0,82	0,000155	0,000206	0,000313	0,000707
0,83	0,000155	0,000206	0,000312	0,000702
0,84	0,000155	0,000206	0,000311	0,000697
0,85	0,000155	0,000206	0,000311	0,000692
0,86	0,000155	0,000205	0,000310	0,000687
0,87	0,000155	0,000205	0,000309	0,000682

VALEURS DE R_m.	VALEURS DE $\dfrac{R_m i}{U^2}$.			
	PAROIS TRÈS UNIES (ciment lissé, bois raboté avec soin).	PAROIS UNIES (planches, pierre de taille).	PAROIS PEU UNIES (en maçonnerie de moellons).	PAROIS EN TERRE.
0,88	0,000155	0,000205	0,000308	0,000678
0,89	0,000155	0,000205	0,000307	0,000673
0,90	0,000155	0,000205	0,000307	0,000669
0,91	0,000155	0,000205	0,000306	0,000665
0,92	0,000155	0,000204	0,000305	0,000660
0,93	0,000155	0,000204	0,000305	0,000656
0,94	0,000155	0,000204	0,000304	0,000652
0,95	0,000155	0,000204	0,000303	0,000648
0,96	0,000155	0,000204	0,000303	0,000645
0,97	0,000155	0,000204	0,000302	0,000641
0,98	0,000155	0,000204	0,000301	0,000637
0,99	0,000155	0,000203	0,000301	0,000634
1,00	0,000155	0,000203	0,000300	0,000630
1,02	0,000154	0,000203	0,000299	0,000623
1,04	0,000154	0,000203	0,000298	0,000617
1,06	0,000154	0,000203	0,000297	0,000610
1,08	0,000154	0,000202	0,000296	0,000604
1,10	0,000154	0,000202	0,000295	0,000598
1,12	0,000154	0,000202	0,000294	0,000592
1,14	0,000154	0,000202	0,000293	0,000587
1,16	0,000154	0,000201	0,000292	0,000582
1,18	0,000154	0,000201	0,000291	0,000577
1,20	0,000154	0,000201	0,000290	0,000572
1,22	0,000154	0,000201	0,000289	0,000567
1,24	0,000154	0,000201	0,000288	0,000562
1,26	0,000154	0,000201	0,000288	0,000558
1,28	0,000154	0,000200	0,000287	0,000553
1,30	0,000153	0,000200	0,000286	0,000549
1,32	0,000153	0,000200	0,000285	0,000545
1,34	0,000153	0,000200	0,000285	0,000541
1,36	0,000153	0,000200	0,000284	0,000537
1,38	0,000153	0,000200	0,000283	0,000534
1,40	0,000153	0,000199	0,000283	0,000530
1,42	0,000153	0,000199	0,000282	0,000526
1,44	0,000153	0,000199	0,000282	0,000523
1,46	0,000153	0,000199	0,000281	0,000520
1,48	0,000153	0,000199	0,000281	0,000516
1,50	0,000153	0,000199	0,000280	0,000513
1,52	0,000153	0,000199	0,000279	0,000510
1,54	0,000153	0,000199	0,000279	0,000507
1,56	0,000153	0,000199	0,000278	0,000504
1,58	0,000153	0,000198	0,000278	0,000502
1,60	0,000153	0,000198	0,000277	0,000499
1,62	0,000153	0,000198	0,000277	0,000496
1,64	0,000153	0,000198	0,000277	0,000493
1,66	0,000153	0,000198	0,000276	0,000491

VALEURS DE R_m.	VALEURS DE $\frac{R_m i}{U^2}$.			
	PAROIS TRÈS UNIES (ciment lissé, bois raboté avec soin).	PAROIS UNIES (planches, pierre de taille).	PAROIS PEU UNIES (en maçonnerie de moellons).	PAROIS EN TERRE.
1,68	0,000153	0,000198	0,000276	0,000488
1,70	0,000153	0,000198	0,000275	0,000486
1,72	0,000153	0,000198	0,000275	0,000483
1,74	0,000153	0,000198	0,000274	0,000481
1,76	0,000153	0,000198	0,000274	0,000479
1,78	0,000153	0,000197	0,000274	0,000477
1,80	0,000153	0,000197	0,000273	0,000474
1,82	0,000152	0,000197	0,000273	0,000472
1,84	0,000152	0,000197	0,000273	0,000470
1,86	0,000152	0,000197	0,000272	0,000468
1,88	0,000152	0,000197	0,000272	0,000466
1,90	0,000152	0,000197	0,000272	0,000464
1,92	0,000152	0,000197	0,000271	0,000462
1,94	0,000152	0,000197	0,000271	0,000460
1,96	0,000152	0,000197	0,000271	0,000459
1,98	0,000152	0,000197	0,000270	0,000457
2,00	0,000152	0,000197	0,000270	0,000455
2,10	0,000152	0,000196	0,000269	0,000447
2,20	0,000152	0,000196	0,000267	0,000439
2,30	0,000152	0,000196	0,000266	0,000432
2,40	0,000152	0,000196	0,000265	0,000426
2,50	0,000152	0,000195	0,000264	0,000420
2,60	0,000152	0,000195	0,000263	0,000415
2,70	0,000152	0,000195	0,000262	0,000410
2,80	0,000152	0,000195	0,000261	0,000405
2,90	0,000152	0,000195	0,000261	0,000401
3,00	0,000152	0,000194	0,000260	0,000397
3,10	0,000151	0,000194	0,000259	0,000393
3,20	0,000151	0,000194	0,000259	0,000389
3,30	0,000151	0,000194	0,000258	0,000386
3,40	0,000151	0,000194	0,000258	0,000383
3,50	0,000151	0,000194	0,000257	0,000380
3,60	0,000151	0,000194	0,000257	0,000377
3,70	0,000151	0,000194	0,000256	0,000375
3,80	0,000151	0,000194	0,000256	0,000372
3,90	0,000151	0,000193	0,000255	0,000370
4,00	0,000151	0,000193	0,000255	0,000368
4,25	0,000151	0,000193	0,000254	0,000362
4,50	0,000151	0,000193	0,000253	0,000358
4,75	0,000151	0,000193	0,000253	0,000354
5,00	0,000151	0,000193	0,000252	0,000350
5,25	0,000151	0,000193	0,000251	0,000347
5,50	0,000151	0,000192	0,000251	0,000344
5,75	0,000151	0,000192	0,000250	0,000341
6,00	0,000151	0,000192	0,000250	0,000338

TABLE N° 15.

COEFFICIENTS DE DÉBIT DES ORIFICES RECTANGULAIRES AVEC CHARGE SUR LE SOMMET.

1re CATÉGORIE. — ORIFICES AYANT AU MOINS 0^m,03 DE HAUTEUR ou grands orifices.

2e CATÉGORIE. — ORIFICES AYANT MOINS DE 0^m,03 DE HAUTEUR ou petits orifices.

VALEURS DU COEFFICIENT DE RÉDUCTION de la dépense pour les dispositifs.

1er CAS. — ORIFICES DÉBOUCHANT LIBREMENT À L'AIR.

1re CATÉGORIE.

VALEURS de $\frac{H}{e}$	A	B	C	D	E	F	G
1	0,61	0,65	0,67	0,70	0,65	0,68	"
5	0,62	0,64	0,67	0,69	0,67	0,70	"
10	0,62	0,63	0,67	0,69	0,68	0,71	"
20	0,61	0,63	0,66	0,68	0,68	0,71	"
30	0,61	0,62	0,66	0,68	0,68	0,70	"
40	0,61	0,62	0,66	0,68	0,68	0,70	"
60	0,61	0,61	0,66	0,68	0,67	0,70	"
100	0,60	0,60	0,66	0,68	0,66	0,69	"
200	0,60	0,60	0,65	0,68	0,66	0,68	"
400	0,60	0,60	0,65	0,67	0,66	0,68	"
600	0,60	0,60	0,65	0,67	0,66	0,68	"
800	0,60	0,60	0,65	0,67	0,66	0,68	"
1000 et au delà.	0,60	0,60	0,65	0,67	0,66	0,68	"
MOYENNES.	0,61	0,62	0,66	0,68	0,67	0,70	"

2e CATÉGORIE.

VALEURS de $\frac{H}{e}$	A	B	C	D	E	F	G
1	0,67	0,70	0,71	0,72	0,71	0,75	"
5	0,66	0,66	0,70	0,71	0,70	0,74	"
10	0,65	0,65	0,69	0,70	0,70	0,74	"
20	0,64	0,65	0,69	0,70	0,70	0,74	"
30	0,63	0,64	0,69	0,69	0,70	0,73	"
40	0,63	0,64	0,69	0,69	0,69	0,73	"
60	0,62	0,64	0,69	0,69	0,69	0,73	"
100	0,61	0,63	0,68	0,69	0,69	0,72	"
200	0,60	0,62	0,68	0,68	0,68	0,72	"
400	0,60	0,63	0,68	0,68	0,68	0,71	"
600	0,60	0,62	0,67	0,68	0,68	0,71	"
800	0,60	0,62	0,67	0,67	0,68	0,71	"
1000	0,60	0,62	0,67	0,67	0,68	0,71	"
1500	0,60	0,62	0,67	0,67	0,68	0,71	"
2000 et au delà.	0,60	0,62	0,67	0,67	0,68	0,71	"
MOYENNES.	0,63	0,64	0,67	0,69	0,70	0,73	"

2e CAS. — ORIFICES PROLONGÉS PAR DES CANAUX DE MÊME LARGEUR QU'EUX, MAIS TROP COURTS POUR QUE LE RÉGIME UNIFORME PUISSE S'Y ÉTABLIR.

1re CATÉGORIE.

VALEURS de $\frac{H}{e}$	A	B	C	D	E	F	G
1	0,57	0,64	0,60	0,60	0,62	0,65	"
5	0,61	0,64	0,62	0,64	0,63	0,66	"
10	0,61	0,63	0,63	0,65	0,64	0,67	"
20	0,61	0,63	0,63	0,65	0,65	0,67	"
30	0,61	0,62	0,63	0,65	0,65	0,66	"
40	0,61	0,62	0,63	0,65	0,64	0,66	"
60	0,61	0,61	0,63	0,64	0,64	0,65	"
100	0,60	0,60	0,62	0,64	0,63	0,65	0,84
200	0,60	0,60	0,62	0,63	0,63	0,64	0,83
400	0,60	0,60	0,62	0,63	0,63	0,64	0,81
600 et au delà.	0,60	0,60	0,62	0,63	0,63	0,64	0,80
MOYENNES.	0,60	0,62	0,63	0,64	0,63	0,66	0,82

2e CATÉGORIE.

VALEURS de $\frac{H}{e}$	A	B	C	D	E	F	G
1	0,65	0,67	0,67	0,69	0,68	0,70	"
5	0,64	0,66	0,67	0,68	0,67	0,71	"
10	0,64	0,65	0,67	0,68	0,67	0,71	"
20	0,63	0,64	0,66	0,68	0,67	0,70	"
30	0,63	0,63	0,66	0,68	0,67	0,70	"
40	0,62	0,63	0,66	0,67	0,66	0,70	"
60	0,62	0,62	0,65	0,67	0,66	0,69	"
100	0,61	0,62	0,65	0,67	0,66	0,69	0,86
200	0,60	0,62	0,65	0,67	0,66	0,69	0,85
400	0,60	0,61	0,65	0,66	0,65	0,68	0,84
600	0,60	0,61	0,65	0,66	0,65	0,67	0,83
800	0,60	0,61	0,64	0,66	0,65	0,67	0,82
1000	0,60	0,61	0,64	0,66	0,65	0,67	0,82
1500	0,60	0,61	0,64	0,66	0,65	0,67	0,81
2000 et au delà.	0,60	0,61	0,64	0,66	0,65	0,67	0,80
MOYENNES.	0,62	0,63	0,66	0,67	0,68	0,70	0,83

OBSERVATIONS.

Les coefficients de la colonne G résultent des expériences du réservoir du Furens avec l'orifice en forme de croissant; mais, d'après ce qui a été dit au n° 219 *ter*, ces coefficients s'appliqueraient tout aussi bien à l'orifice rectangulaire.

NOTA SUR LES DISPOSITIFS.

A. Orifice en mince paroi entièrement isolé du fond et des parois du réservoir (*cas de la contraction complète*).

B. Orifice en mince paroi dans lequel la contraction est supprimée sur les bords verticaux (*cas où les bords verticaux de l'orifice sont dans le prolongement des parois du réservoir, le sommet et la base étant biseautés*).

C. Orifice en mince paroi dans lequel la contraction est supprimée sur la base (*cas où le seuil est au niveau du fond*).

D. Orifice en mince paroi dans lequel la contraction est supprimée sur les bords et sur la base, le sommet seul restant biseauté.

E. Orifices de 0^m,04 à 0^m,05 d'épaisseur non biseautés, isolés du fond et des parois du réservoir (*cas des vannages ordinaires en bois*).

F. Mêmes orifices dans lesquels la contraction latérale est supprimée (*cas où les bords verticaux de l'orifice sont dans le prolongement des parois du canal*).

G. Mêmes orifices dans lesquels la contraction est nulle à la fois sur les bords et la base (*cas des expériences du réservoir du Furens*).

La table ne s'applique d'ailleurs qu'à des orifices dont la largeur n'est pas plus de vingt fois plus grande que la hauteur.

TABLEAU N° 1.

CALCUL DES DÉBITS RÉSULTANT DES OBSERVATIONS FAITES AU RÉSERVOIR DE JAUGE.

NUMÉROS D'ORDRE. (1)	DATES des EXPÉRIENCES. (2)	COTES D'EAU À L'ÉCHELLE du bassin de jauge — au commencement de l'expérience. (3)	COTES D'EAU — à la fin de l'expérience. (4)	DURÉE en secondes de chaque expérience. (5)	CUBE EMMAGASINÉ. (6)	DÉBIT par seconde en litres. (7)	PERTES par seconde en litres. (8)	DÉBIT TOTAL par seconde, q. (9)
		m	m	s	m.c	l	l	l
1° LEVÉE DE VANNE DE 0ᵐ,011.								
1	29 août 1865	1,14	1,43	3136	95,41	30,41	1,23	31,64
2	18 novembre 1867	2,44	2,545	1056	34,55	32,70	2,61	35,31
3	1er septembre 1869	0,64	0,72	700	26,32	37,50	0,87	38,47
4	26 août 1867	2,333	2,430	815	31,91	39,15	2,41	41,56
5	10 juin 1869	0,72	0,85	902	42,77	47,42	0,77	48,19
2° LEVÉE DE VANNE DE 0ᵐ,0165.								
6	4 septembre 1865	0,89	1,36	2836	154,63	54,51	1,16	55,67
7	4 septembre 1867	2,30	2,48	1018	59,22	58,19	2,44	60,63
8	26 août 1867	2,22	2,35	600	42,77	69,62	2,24	71,86
9	5 août 1869	0,76	0,89	577	42,77	74,26	0,85	75,11
10	10 juin 1869	0,74	0,88	555	46,06	82,90	0,84	83,74
3° LEVÉE DE VANNE DE 0ᵐ,022.								
11	8 juillet 1865	2,55	2,85	1260	98,70	77,11	3,20	80,31
11 bis	7 septembre 1865	1,80	2,195	1600	129.95	81,22	1,89	83,11
12	2 octobre 1867	2,37	2,58	850	63,09	81,38	2,58	83,96
13	28 septembre 1867	2,135	2,29	600	50,99	84,99	2,14	87,13
14	21 septembre 1867	2,54	2,70	600	52,64	87,73	2,89	90,62
15	7 septembre 1867	1,74	1,86	432	41,12	95,18	1,66	96,84
16	26 août 1867	2,463	2,584	359	39,81	102,27	2,67	104,94
17	10 juin 1869	0,74	0,88	377	46,06	122,06	0,84	122,90
4° LEVÉE DE VANNE DE 0ᵐ,0275.								
18	26 août 1865	0,96	1,41	1454	148,05	101,78	1,16	102,94
19	11 septembre 1869	0,78	0,85	200	23,03	115,03	0,85	116,08
20	9 septembre 1869	0,81	0,90	241	29,61	118,61	0,86	119,47
21	20 août 1869	0,91	1,01	243	32,90	135,29	1,02	136,31
22	10 juillet 1869	1,035	0,49	213	34,55	162,50	1,34	163,84
5° LEVÉE DE VANNE DE 0ᵐ,033.								
23	14 septembre 1865	2,31	2,75	1094	144,76	132,22	2,76	134,98
23 bis	13 septembre 1868	2,78	1,36	1402	190,82	136,04	1,04	137,08
24	13 septembre 1865	1,65	2,13	1192	157,92	132,40	1,77	134,17
25	11 septembre 1869	0,88	0,97	205	29,61	144,44	0,99	145,43
26	2 septembre 1869	1,09	1,18	239	36,19	151,06	1,07	152,13
27	1er septembre 1869	0,79	0,93	300	46,06	153,53	0,96	154,49
28	7 septembre 1867	2,38	2,525	295	47,70	161,05	2,53	163,58
6° LEVÉE DE VANNE DE 0ᵐ,0385.								
29	14 septembre 1865	1,65	2,14	1043	161,21	154,63	1,78	156,41
30	13 septembre 1865	2,38	2,78	840	131,60	156,74	2,86	159,60
31	12 septembre 1865	1,75	2,39	1345	210,56	156,53	2.09	158,62

OBSERVATIONS. (10)

Les expériences sont classées dans ce tableau dans l'ordre du tableau n° 2.

Les chiffres de la colonne 6 s'obtiennent en multipliant la différence des chiffres correspondants des col. 4 et 3 par 329, aire de la section horizontale du bassin de jauge.

Les chiffres de la colonne 8 s'obtiennent au moyen de ceux des colonnes 3 et 4 pris pour abscisses dans la courbe des pertes (fig. 9, pl. II).

Les chiffres de la colonne 9 sont les sommes des chiffres correspondant des colonnes 7 et 8.

Tableau n° 2.

CALCUL DU DÉBIT THÉORIQUE ET DE SON COEFFICIENT DE RÉDUCTION.

NUMÉROS D'ORDRE.	DATES des EXPÉRIENCES.	COTES D'EAU d'amont H_1	COTES D'EAU d'aval H_2	DIFFÉRENCE ou charge hydrostatique $H_1 - H_2$	DÉBIT par seconde observé q	PERTE de charge due au débit observé K	CHARGE EFFECTIVE $H = H_1 - H_2 - K$	VITESSE due à la charge effective $U = \sqrt{2gH}$	DÉPENSE théorique par seconde $q_1 = \omega U$	COEFFICIENT de réduction $\mu = \dfrac{q}{q_1}$	OBSERVATIONS.
(1)	(2)	(3)	(4)	(5)	(6)	(7)	(8)	(9)	(10)	(11)	(12)
	1° Levée de vanne de $0^m,011$, d'où $\omega = 0^{mq},0021313$.										
1	29 août 1865...	758,84	742,085	16,755	31,64	0,048	16,707	18,10	38,58	0,82	Les expériences sont classées d'après la grandeur des charges.
2	18 sept. 1867..	764,07	742,139	21,931	35,31	0,058	21,873	20,71	44,14	0,80	
3	1er sept. 1869..	764,97	742,140	22,83	38,47	0,068	22,762	21,13	47,78	0,805	Les valeurs de q portées à la colonne 6 sont celles qui sont données par la colonne n° 9 du tableau n° 1.
4	26 août 1867...	771,975	742,145	29.85	41,56	0,078	29,772	24,17	51,51	0,807	
5	10 juin 1869...	782,74	742,168	40,572	48,19	0,104	40,468	28,17	60,04	0,802	
	2° Levée de vanne de $0^m,0165$, d'où $\omega = 0^{mq},0037318$.										
6	4 sept. 1865..	759,25	742,171	17,079	55,67	0,138	16,941	18,23	67,89	0,82	
7	21 sept. 1867..	763,41	742,200	21,210	60,63	0,162	21,048	20,32	75,83	0,80	
8	26 août 1867...	771,995	742,230	29,765	71,86	0,220	29,545	24,07	89,82	0,80	
9	5 août 1869...	774,772	742,235	32,537	75,11	0,245	32,292	25,17	93,93	0,80	
10	10 juin 1869...	782,74	742,297	40,443	83,74	0,302	40,141	28,06	104,71	0,80	
	3° Levée de vanne de $0^m,022$, d'où $\omega = 0^{mq},0054984$.										
11	8 juillet 1865.	758,57	742,225	16,345	80,31	0,287	16,058	17,75	97,60	0,823	
11 bis	7 sept. 1865..	759,36	742,23	17,13	83,11	0,29	16,84	18,26	100,40	0,828	
12	2 octobre 1867.	760,33	742,243	18,087	83,96	0,304	17,783	18,68	102,74	0,817	
13	28 sept. 1867..	761,62	742,249	19.371	87,13	0,327	19,044	19,33	106,28	0,819	
14	21 sept. 1867..	763,40	742,251	21,149	90,620	0,354	20,795	20,20	111,06	0,816	
15	7 sept. 1867..	767,510	742.283	25,227	96,84	0,395	24,832	22,07	121,36	0,798	
16	26 août 1867...	771,985	742,290	29,695	104,94	0,440	29,255	23,96	131,34	0,799	
17	10 juin 1869...	782,740	742,325	40,415	122,90	0,624	39.791	27,94	153,62	0,80	
	4° Levée de vanne de $0^m,0275$, d'où $\omega = 0^{mq},00738$.										
18	26 août 1865...	757,38	742,280	15,10	102,94	0,451	14,649	16,95	125,09	0,823	
19	11 sept. 1869..	762,09	742,311	19,779	116,08	0,565	19,204	19,41	143,25	0,810	
20	9 sept. 1869..	762,67	742,315	20,355	119,47	0,607	19.748	19,68	146,50	0,815	
21	20 août 1869...	770,020	742,350	27,670	136,31	0,778	26,892	22,97	171,52	0,795	
22	10 juin 1869...	782,740	742,395	40,345	163,84	1,120	39,225	27,74	204,72	0,80	
	5° Levée de vanne de $0^m,033$, d'où $\omega = 0^{mq},009423$.										
23	14 sept. 1865..	758,685	742,350	16,335	134,98	0,765	15 57	17,48	164,71	0,819	
23 bis	13 sept. 1865.	758,785	742,354	16,431	137,08	0,77	15,76	17,55	169,23	0,810	
24	13 sept. 1865..	758,905	742,353	16,552	134,17	0,751	15,801	17,61	165,94	0,808	
25	11 sept. 1869..	762,09	742,360	19,730	145,43	0,881	18,849	19,23	179,65	0,809	
26	2 sept. 1869..	764,52	742,376	22,144	152,13	0,966	21,178	20,38	190,40	0,799	
27	1er sept. 1869..	764,90	742,377	22,523	154,49	1,000	21,523	20,55	193,64	0,798	
28	7 sept. 1867..	767,50	742,380	25,120	163,58	1,114	24,006	21,70	204,47	0,800	
	6° Levée de vanne de $0^m,0385$, d'où $\omega = 0^{mq},0113663$.										
29	14 sept. 1865..	758,605	742,380	16,225	156,41	1,06	15,165	17,25	195,52	0,80	
30	13 sept. 1865..	758,905	742,380	16,525	159,60	1,07	15,455	17,42	198,00	0,806	
31	12 sept. 1865..	759,095	742,381	16,714	158,62	1,09	15,624	17,51	199,02	0,797	
	TOTAUX ET MOYENNES.	....	....	....	3457,12	.....	......	.....	4250,29	0,811	

TABLEAU N° 3.

CALCUL DES COURBES DES COEFFICIENTS ET DES DÉBITS DU DÉVERSOIR.

NUMÉROS DES TABLEAUX N°ˢ 1 ET 2. (1)	HAUTEURS H OBSERVÉES à l'échelle du déversoir. (2)	VALEURS de $q_1 = lH\sqrt{2gH}$. (3)	COEFFICIENT m DE RÉDUCTION d'après la courbe des coefficients. (4)	DÉBITS $q = mq_1$ CALCULÉS avec les coefficients de la colonne 4. (5)	DÉBITS q CONSTATÉS par les expériences. colonne 9 du tableau n° 1. (6)	DIFFÉRENCES entre LES VALEURS DE q DONNÉES par les colonnes 6 et 5. (7)
		litres.		litres.	litres.	litres. On a pour ce déversoir $l = 1,50$.
	0,01	6,75	0,401	2,71		
	0,02	18,90	0,402	7,60		
	0,03	34,65	0,403	13,96		
	0,04	53,40	0,404	21,57		
	0,05	74,25	0,405	30,08		
1	0,051	78,50	0,4058	31,80	31,64	— 0,16
2	0,055	85,80	0,4059	34,81	35,31	+ 0,50
	0,060	97,20	0,4060	39,45		
4	0,062	102,00	0,4062	41,56	41,56	0,00
5	0,068	118,32	0,4073	48,19	48,19	0,00
	0,070	122,85	0,408	50,11		
6	0,0745	135,22	0,4116	55,67	55,67	0,00
7	0,0790	148,12	0,4117	61,02	60,63	— 0,39
	0,08	149,00	0,4118	61,35		
8	0,089	176,22	0,4125	72,69	71,86	— 0,83
	0,090	179,55	0,413	74,15		
12	0,098	204,33	0,414	84,59	83,96	— 0,63
	0,110	211,50	0,415	87,77		
15	0,107	232,72	0,4161	96,84	96,84	0,00
	0,11	242,55	0,417	101,14		
16	0,1125	251,44	0,418	105,10	104,94	— 0,16
	0,12	277,20	0,421	116,70		
20	0,121	279,51	0,422	117,95	119,47	+ 1,52
	0,13	310,05	0,426	132,08		
24	0,131	314,40	0,4268	134,17	134,17	0,00
25	0,137	337,02	0,429	145,58	145,43	+ 0,85
	0,14	348,60	0,430	149,89		
28	0,1465	373,57	0,4337	162,02	162,02	0,00
	0,15	387,00	0,434	167,96		
	0,16	424,80	0,439	186,49		
	0,17	464,10	0,444	206,06		
	0,18	507,60	0,445	225,88		
	0,19	552,95	0,445	246,04		
	0,20	597,00	0,445	265,66		
TOTAUX ET MOYENNES...		7893,02	0,429	3377,64		

TABLEAU N° 4.

RÉSULTATS D'UNE SECONDE SÉRIE D'EXPÉRIENCES FAITES AU RÉSERVOIR DU FURENS.

NUMÉROS D'ORDRE.	DATES. DES EXPÉRIENCES.	HAUTEUR DE L'ORIFICE SUR L'AXE (ou levée de vanne).	COTES RAPPORTÉES AU NIVEAU DE LA MER.				HAUTEUR DU MERCURE	
			EAU dans le réservoir (amont).	EAU sur le seuil l de l'aqueduc de communication.	EAU dans le tube inférieur adapté au tuyau.		dans le manomètre.	dans le baromètre.
		mètres.	mètres.	mètres.	minimum.	maximum.	mètres.	mètres.
a........	19 nov. 1878.	0,0055	782,71	742,09	$742^{m},036$	$742^{m},126$	0,03	0,694
b........	Idem........	0,011	782,71	742,184	(1)		0,05	0,694
c........	Idem........	0,0165	782,71	742,268	(1)		0,07	0,694
d........	Idem........	0,022	782,71	742,338	(2)		0,10	0,694
e........	Idem........	0,0275	782,71	742,404	(2)		0,12	0,695
f........	Idem........	0,033	782,71	742,510	(2)		0,14	0,695

OBSERVATIONS. — Pendant toutes ces expériences, le tube supérieur aa' B (fig. N, pl. IV) est resté constamment vide.

(1) L'eau s'est retirée du tube inférieur A B C D (fig. N), qui reste vide pour toute les expériences à partir de b.

(2) Circulation intermittente dans la partie inférieure du tube et dans le sens A B C D (fig. N).

La pression barométrique est restée, comme on le voit par les chiffres ci-dessus, sensiblement constante pendant les expériences.

NOTA. — Les tableaux n°ˢ 1, 2, 3, 4, ont été collationnés sur les minutes primordiales des expériences du réservoir du Furens.

NOTE I.

DÉTERMINATION GÉOMÉTRIQUE DE L'EXPRESSION DU VOLUME D'UNE TRANCHE.

Le volume compris entre les sections A et A′ (fig. 2, pl. VII) se compose de deux parties; l'une a évidemment pour expression la surface de la section inférieure multipliée par la hauteur x à laquelle se trouve au-dessus de la section inférieure A la section que l'on considère; l'autre a pour expression l'aire du triangle anp (fig. 2, pl. VII) multipliée par le développement de la courbe horizontale qui passerait par le centre de gravité q du triangle. Reprenons l'expression donnée au chapitre 1er, art. 2, pour le développement en fonction de la largeur moyenne l de la zone, qui est

$$D'' = D + l \tang \beta.$$

Si Δ' désigne le développement de la courbe horizontale passant par le centre de gravité q, l, la largeur moyenne de la zone comprise entre cette courbe et la courbe inférieure, on aura

$$\Delta' = D + l \tang \beta.$$

Or l représente sur la figure 2 (pl. VII) la ligne yp, et l'on se rappelle que la ligne an représente la quantité l qui se rapporte à la zone comprise entre les courbes A et A′; ainsi, puisque le point q est le centre de gravité du triangle anp, on a

$$yq = \tfrac{1}{3} an$$

ou

$$l' = \tfrac{1}{3} l.$$

Mais, d'après les expressions (a) et (b) données au chapitre 1er, art. 2, on a

$$l = L\frac{x}{K},$$

d'où

$$l' = \tfrac{1}{3} L\frac{x}{K},$$

d'où

$$\Delta' = D + \tfrac{1}{3} L\frac{x}{K} \tang \beta.$$

Mais, d'après l'article 2, chapitre 1er, on a

$$\tang \beta = \frac{D' - D}{L},$$

d'où

$$\Delta' = D + \tfrac{1}{3}\frac{x}{K}(D' - D).$$

Le volume correspondant au triangle *anp* a donc pour expression

$$\Delta' + \text{l'aire de ce triangle}$$

ou

$$\Delta'\frac{lx}{2},$$

ou, substituant pour Δ' et l leurs valeurs et appelant u le volume correspondant,

$$u = \Delta'\frac{lx}{2} = \left[D + \tfrac{1}{3}\tfrac{x}{K}(D'-D)\right]\frac{L}{K}\frac{x^2}{2}.$$

Il ne reste qu'à substituer pour L sa valeur, qui est, comme cela résulte de l'article 2, chapitre 1er,

$$L = \frac{2(S'-S)}{D+D'},$$

d'où l'on déduit

$$u = \frac{x^2(S'-S)}{K(D+D')}\left[D + \tfrac{1}{3}\tfrac{x}{K}(D'-D)\right].$$

Si u' désigne l'autre partie du volume calculée plus haut, on aura

$$u' = Sx.$$

Le volume V'' correspondant à la section A'' est égal à la somme des volumes u et u' plus le volume V inférieur à la section A; on aura donc

$$V'' = V + u + u'$$

ou

$$V'' - V = Sx + \frac{x^2}{K}\frac{(S'-S)}{(D+D')}\left[D + \tfrac{1}{3}\tfrac{x}{K}(D'-D)\right],$$

ou, en posant $W = V'' - V$ et ordonnant par rapport à x,

$$W = Sx + \frac{(S'-S)D}{K(D+D')}x^2 + \frac{(S'-S)(D'-D)}{3K^2(D+D')}x^3,$$

qui n'est autre chose que l'expression (8) du n° 234.

Note II.

Soit s l'aire EACG (fig. 1, pl. VIII), on aura

$$s = \text{aire } m\text{ACG} - \text{aire } m\text{AE} = \tfrac{2}{3}\Big[q_n \times m\text{G} - q_o \times m\text{E} \Big]$$

et, si l'on fait

$$Om = t_k,$$

on aura

$$mG = t_n - t_k,$$
$$mE = t_o - t_k,$$

d'où

$$s = \tfrac{2}{3}\Big[q_n\left(t_n - t_k \right) - q_o\left(t_o - t_k \right) \Big].$$

Il faut maintenant chercher l'équation de la parabole passant par les points A et C et ayant Ot pour axe; l'équation de cette parabole, rapportée à ses axes Ot, Oq (fig. 1, pl. VIII), sera de la forme suivante, k, n, t étant toujours comptés à partir de l'origine O,

$$\varphi^2 = 2p\left(t - t_k \right).$$

Mais, comme cette parabole doit passer par les points A et C, dont les coordonnées sont q_o t_o et q_n t_n, on aura

$$q^2_o = 2p\left(t_o - t_k \right),$$
$$q^2_n = 2p\left(t_n - t_k \right).$$

Ces deux équations permettent de déterminer $2p$ et t_k; en les retranchant membre à membre, on en déduit d'abord

$$2p = \frac{q^2_n - q^2_o}{t_n - t_o},$$

d'où

$$t_o - t_k = \frac{q^2_o\left(t_n - t_o \right)}{q^2_n - q^2_o},$$
$$t_n - t_k = \frac{q^2_n\left(t_n - t_o \right)}{q^2_n - q^2_o};$$

d'où, remplaçant $t_n - t_k$ et $t_o - t_k$ par ces valeurs dans celle de S, on en déduit

$$s = \left(t_n - t_o \right)\frac{2}{3}\frac{q^3_n - q^3_o}{q^2_n - q^2_o}.$$

La distance $Om = t_k$ du sommet de la parabole à l'origine primitive O des temps se trouvera d'ailleurs facilement au moyen des deux équations données plus haut, et son expression serait

$$t_k = t_o - \frac{q^2_o}{2p}$$

ou, en substituant pour $2p$ son expression trouvée plus haut,

$$t_k = \frac{q^2_n t_o - q^2_o t_n}{q^2_n - q^2_o},$$

de sorte que l'équation de la parabole rapportée aux axes Ot et Oq deviendrait définitivement

$$\varphi^2 = \frac{q^2_n - q^2_o}{t_n - t_o} t - \frac{q^2_n t_o - q^2_o t_n}{t_n - t_o},$$

équation qui reproduit bien l'équation (N_1) donnée au numéro 257 et rappelée au numéro 258.

Note III.

CALCUL DES RETENUES DE LA DIGUE DE PINAY.

ARTICLE 1er.

RETENUE TOTALE DE PINAY D'APRÈS LES COURBES DES DÉBITS.

$$3600 \left\{ 10 \left(\frac{388,77 - 220}{2} \right) + 6 \left(\frac{388,77 - 220 + 2046,42 - 460}{2} \right) \right.$$
$$+ 4 \left(\frac{2046,42 - 460 + 3132,33 - 800}{2} \right) + 5 \left(\frac{3132,33 - 800 + 3390,70 - 1500}{2} \right)$$
$$+ 3 \left(\frac{3390,70 - 1500 + 3039,06 - 2160}{2} \right) + 3 \left(\frac{3039,06 - 2160}{2} \right) \right\}$$
$$= 107\ 919\ 792 \text{ mètres cubes.}$$

Soit 108 millions de mètres cubes en nombre rond.

NOTA. — Chaque produit partiel exprime la surface d'un trapèze dont les bases sont les différences des ordonnées successives des courbes des débits entrants et sortants (fig. 7, pl. XVI), et les hauteurs le nombre d'heures qui séparent ces ordonnées. On peut donc suivre tout le détail des calculs sur la figure 7. La somme de ces produits doit d'ailleurs être multipliée par 3 600, nombre des secondes comprises dans une heure (les deux produits extrêmes représentant les surfaces de deux triangles).

ARTICLE 2.

CALCUL DU VOLUME TOTAL EMMAGASINÉ PAR LA CRUE DE 1866 DANS LE RÉSERVOIR DE PINAY.

		VOLUME TOTAL.		VOLUME correspondant à l'étiage au commencement de la crue, à 1 mètre de hauteur moyenne.		SURFACES INONDÉES.	
NUMÉROS des profils donnés par la planche XV.	LONGUEURS auxquelles s'appliquent les profils.	SURFACES.	CUBES.	SURFACES.	CUBES.	LARGEURS.	SURFACES.
	mètres.	mètres carrés.	mètres cubes.	mètres carrés.	mètres cubes.	mètres.	hectares.
0	3 600	1 000	3 600 000	110	143 000	1 250	162,50
1	3 100	4 022	12 468 200	110	341 000	1 250	387,50
2	3 250	7 400	24 050 000	160	520 000	2 050·	666,25
3	4 015	10 700	42 960 500	140	562 100	2 400	963,60
4	3 565	6 400	22 816 000	120	427 800	900	320,85
5	2 500	2 350	5 875 000	80	200 000	241	60,25
6	1 733	1 950	3 383 250	70	121 450	156	27,06
7	235	1 676	393 860	30	7 050	130	3,05
Total....			115 546 810		2 322 400		2 591,06
A déduire....			2 322 400				
Reste....			113 224 410	Soit 113 millions de mètres cubes.			

Le calcul par les courbes des débits donne 108 millions. On ne peut pas espérer arriver plus exactement.

ARTICLE 3.

CALCUL DU CUBE COMPRIS ENTRE LES CRUES DE 1846 ET 1866.

NUMÉROS DES PROFILS.	LONGUEURS.	SURFACES.	CUBES.
	mètres.	mètres carrés.	mètres cubes.
RETENUE PROPREMENT DITE DE PINAY POUR LA CRUE DE 1866.			
0	"	"	"
1	"	"	"
2	2 650	55	145 750
3	4 015	2 100	8 431 500
4	3 565	2 466	8 791 290
5	2 500	828	2 070 000
6	1 735	729	1 264 815
7	235	517	121 495
Total..................			20 824 850

Soit 21 millions de mètres cubes.

ARTICLE 4.

CALCUL DE LA RETENUE MINIMA PROPRE À LA DIGUE,
LE VOLUME DE L'ARTICLE 2 S'APPLIQUANT AU RÉTRÉCISSEMENT NATUREL À LA DIGUE.

NUMÉROS DES PROFILS.	LONGUEURS.	SURFACES.	CUBES.
	mètres.	mètres carrés.	mètres cubes.
TRANCHE ENTRE LES DEUX CRUES.			
0	"	"	"
1	"	"	"
2	2 650	810	2 146 500
3	4 015	2 049	8 226 735
4	3 565	1 045	3 725 425
5	2 500	242	605 000
6	1 735	273	473 655
7	235	130	30 550
Total..................			15 207 865

Soit 15 millions de mètres cubes.

ARTICLE 5.

RETENUE DE LA DIGUE DE SAINT-MAURICE.

NUMÉROS DES PROFILS.	LONGUEURS.	SURFACES.	CUBES.
	mètres.	mètres carrés.	mètres cubes.
10	21 810	563	2 708 030
11	21 393	1 240	5 271 600
12	21 213	1 790	3 835 970
Total..................			11 815 600

Soit 12 millions de mètres cubes.

Note IV.

CALCUL ANNUEL DES AIRES DE LA COURBE DES DÉBITS DE L'ANZON
AU PONT DE SAINT-JULIEN POUR 1858.

HIVER.

$$\frac{64\,627,20 + 146\,880,00}{2} \times 35 = 3\,701\,376,00$$

$$\frac{146\,880,00 + 158\,284,80}{2} \times 1 = 152\,582,40$$

$$\frac{158\,284,80 + 142\,041,60}{2} \times 5 = 750\,816,00$$

$$\frac{142\,041,60 + 160\,358,40}{2} \times 1 = 151\,200,00$$

$$\frac{160\,358,40 + 127\,526,40}{2} \times 3 = 431\,827,20$$

$$\frac{127\,526,40 + 137\,203,20}{2} \times 16 = 2\,117\,836,80$$

$$\frac{137\,203,20 + 183\,859,80}{2} \times 1 = 160\,531,50$$

$$\frac{183\,859,80 + 165\,542,40}{2} \times 4 = 698\,804,40$$

$$\frac{165\,542,40 + 194\,918,40}{2} \times 2 = 360\,460,80$$

$$\frac{194\,918,40 + 164\,505,60}{2} \times 4 = 718\,848,00$$

$$\frac{164\,505,60 + 956\,966,40}{2} \times 2 = 1\,121\,472,00$$

$$\frac{956\,966,40 + 244\,684,80}{2} \times 5 = 3\,004\,128,00$$

$$\frac{244\,684,80 + 160\,358,40}{2} \times 11 = 1\,227\,737,60$$

Totaux....... 90 14 597 620,70

PRINTEMPS.

$$\frac{160\,358,40 + 407\,462,40}{2} \times 3 = 851\,731,20$$

$$\frac{407\,462,40 + 217\,036,80}{2} \times 2 = 624\,499,20$$

$$\frac{217\,036,80 + 343\,180,80}{2} \times 1 = 280\,108,80$$

$$\frac{343\,180,80 + 244\,684,80}{2} \times 2 = 587\,865,60$$

$$\frac{244\,684,80 + 239\,155,20}{2} \times 3 = 725\,760,00$$

$$\frac{239\,155,20 + 165\,542,40}{2} \times 4 = 809\,395,20$$

$$\frac{165\,542,40 + 122\,688,00}{2} \times 10 = 1\,441\,152,00$$

$$\frac{122\,688,00 + 98\,496,00}{2} \times 5 = 552\,960,00$$

$$\frac{98\,496,00 + 147\,916,80}{2} \times 2 = 246\,412,80$$

$$\frac{147\,916,80 + 122\,688,00}{2} \times 2 = 270\,604,80$$

$$\frac{122\,688,00 + 217\,036,80}{2} \times 4 = 679\,449,60$$

$$\frac{217\,036,80 + 158\,284,80}{2} \times 2 = 375\,321,60$$

$$\frac{158\,284,80 + 153\,108,80}{2} \times 5 = 778\,464,00$$

$$\frac{153\,108,80 + 164\,505,60}{2} \times 1 = 158\,803,20$$

$$\frac{164\,505,60 + 98\,696,00}{2} \times 8 = 1\,052\,006,40$$

$$\frac{98\,496,00 + 815\,270,40}{2} \times 1 = 456\,883,20$$

$$\frac{815\,270,40 + 178\,239,60}{2} \times 3 = 1\,490\,400,00$$

$$\frac{178\,239,60 + 88\,819,20}{2} \times 11 = 1\,469\,318,40$$

$$\frac{88\,819,20 + 127\,526,40}{2} \times 2 = 216\,345,60$$

$$\frac{127\,526,40 + 69\,465,60}{2} \times 20 = 1\,969\,920,00$$

Totaux....... 91 15 037 401,60

ÉTÉ.

$$\frac{69\,465,60 + 40\,435,20}{2} \times 9 = 493\,203,60$$

$$\frac{40\,435,20 + 88\,819,20}{2} \times 2 = 129\,254,40$$

$$\frac{88\,819,20 + 40\,435,20}{2} \times 4 = 258\,508,80$$

$$\frac{40\,435,20 + 25\,920,00}{2} \times 30 = 995\,328,00$$

$$\frac{25\,920,00 + 1\,555\,545,60}{2} \times 1 = 790\,732,80$$

$$\frac{1\,555\,545,60 + 160\,358,40}{2} \times 1 = 857\,952,00$$

$$\frac{160\,358,40 + 137\,203,20}{2} \times 4 = 595\,123,20$$

$$\frac{137\,203,20 + 149\,990,40}{2} \times 2 = 287\,193,60$$

$$\frac{149\,990,40 + 122\,688,00}{2} \times 13 = 1\,772\,409,60$$

$$\frac{122\,688,00 + 137\,203,20}{2} \times 4 = 519\,782,40$$

$$\frac{137\,203,20 + 64\,627,20}{2} \times 8 = 807\,321,60$$

$$\frac{64\,627,20 + 88\,819,20}{2} \times 11 = 843\,955,20$$

$$\frac{88\,819,20 + 74\,304,00}{2} \times 3 = 244\,684,80$$

TOTAUX......... 92   8 595 450,00

AUTOMNE.

$$\frac{74\,304,00 + 64\,627,20}{2} \times 9 = 625\,190,40$$

$$\frac{64\,627,20 + 149\,990,40}{2} \times 2 = 214\,617,60$$

$$\frac{149\,990,40 + 64\,627,20}{2} \times 7 = 751\,161,60$$

$$\frac{64\,627,20 + 149\,990,40}{2} \times 2 = 214\,617,60$$

$$\frac{149\,990,40 + 113\,011,20}{2} \times 1 = 131\,500,80$$

$$\frac{113\,011,20 + 64\,627,20}{2} \times 22 = 854\,022,40$$

$$\frac{64\,627,20 + 155\,174,40}{2} \times 8 = 879\,206,40$$

$$\frac{155\,174,40 + 137\,203,20}{2} \times 5 = 730\,944,00$$

$$\frac{137\,203,20 + 343\,180,80}{2} \times 3 = 720\,576,00$$

$$\frac{343\,180,80 + 155\,174,40}{2} \times 17 = 4\,236\,019,20$$

$$\frac{155\,174,40 + 156\,211,20}{2} \times 3 = 467\,078,40$$

$$\frac{156\,211,20 + 170\,726,40}{2} \times 2 = 326\,937,60$$

$$\frac{170\,726,40 + 165\,542,40}{2} \times 4 = 672\,537,60$$

$$\frac{165\,542,40 + 1\,591\,488,00}{2} \times 3 = 2\,635\,545,60$$

$$\frac{1\,591\,488,00 + 272\,332,80}{2} \times 4 = 3\,727\,641,60$$

TOTAUX......... 92   17 187 596,85

NOTA. — Les ordonnées qui figurent ici sont les valeurs de $Q = \int_{t_0}^{t_n} q\,dt$ calculées pour chaque journée ; ces calculs étant de même nature que ceux dont le détail est donné dans cette Note, on n'a pas jugé nécessaire d'en reproduire ici autre chose que les résultats, qui sont les ordonnées de la planche X et qui servent aux calculs indiqués ci-dessus.

RÉCAPITULATION.

SAISONS.	NOMBRE de jours.	DÉBITS TOTAUX.	OBSERVATIONS.
Hiver.:	90	14 597 620,70	Le module ou débit moyen par jour serait
Printemps	91	15 037 401,60	
Été.	92	8 595 450,00	$\dfrac{55\,418\,069,10}{365} = 151\,830,33$
Automne.	92	17 187 596,80	
TOTAUX GÉNÉRAUX.	365	55 418 069,10	

CALCUL DES QUANTITÉS D'EAU TOMBÉE.

D'après les observations diurnes faites en 1858 à l'udomètre de Feurs, le plus voisin du poste d'observation du pont Saint-Julien, les hauteurs d'eau tombée se sont réparties ainsi qu'il suit, et comme la superficie des versants qui alimentent l'Anzon au poste du pont Saint-Julien est de 150 kilomètres carrés, on établit les quantités d'eau tombée dans chaque saison :

SAISONS.	HAUTEURS D'EAU TOMBÉE.	SUPERFICIE DES VERSANTS.	CUBES D'EAU TOMBÉE.
	mètres.	kilomètres carrés.	mètres cubes.
Hiver..........................	0,0872	150	13 080 000,00
Printemps.....................	0,1709	150	25 635 000,00
Été...........................	0,1383	150	20 745 000,00
Automne.......................	0,1935	150	29 025 000,00
Totaux..................	0,5899		88 485 000,00

RAPPORT DES QUANTITÉS D'EAU DÉBITÉES AUX QUANTITÉS TOMBÉES.

SAISONS.	QUANTITÉS DÉBITÉES.	QUANTITÉS TOMBÉES.	RAPPORT DES CUBES DÉBITÉS aux cubes tombés.
	mètres cubes.	mètres cubes.	
Hiver..........................	14 597 620,70	13 080 000,00	1,116
Printemps.....................	15 037 401,60	25 635 000,00	0,586
Été...........................	8 595 450,00	20 745 000,00	0,414
Automne.......................	17 187 596,80	29 025 000,00	0,592
Totaux..................	55 418 069,10	88 485 000,00	0,626

Note V.

SUR LES EXPÉRIENCES DU MAJOR ALLAN CUNNINGHAM.

M. l'ingénieur en chef Flamant a publié dans les *Annales des ponts et chaussées* (1882) un compte rendu des expériences faites par le major Allan Cunningham sur le canal du Gange, et l'institution des ingénieurs civils d'Angleterre en a produit un de son côté, dont elle m'a fait l'honneur de m'adresser un exemplaire en décembre 1882, avant la discussion qu'elle provoquait sur ces expériences. Ce compte rendu concorde suffisamment avec celui de M. Flamant pour que je puisse renvoyer aux *Annales des ponts et chaussées de 1882* ceux de mes lecteurs qui voudraient se mettre au courant du détail de ces expériences, dont je ne puis ici que mentionner les résultats principaux; l'institution des ingénieurs civils d'Angleterre les donne d'ailleurs comme devant s'appliquer au type des canaux découverts, intermédiaire entre le type courant des canaux ordinaires et le type exceptionnel des grandes rivières comme le Mississipi, sur lequel des expériences spéciales ont été faites par des officiers américains et dont il a été rendu compte dans un ouvrage intitulé : *Report upon the Physics and Hydraulics of the Mississipi River*.

Un premier fait à constater, c'est que le major Allan Cunningham a été conduit par ses expériences à recommander, pour la détermination de la vitesse moyenne sur une verticale donnée, l'usage des bâtons lestés, que j'ai conseillé au numéro 204 de la deuxième section de mon ouvrage, et la règle à laquelle il est arrivé est qu'il faut leur donner une longueur égale aux neuf dixièmes de la profondeur, pour que la vitesse qu'ils prennent représente la vitesse moyenne[1] : règle simple et pratique qui dispense de toute détermination directe des vitesses au moyen des hydromètres.

La partie des expériences de détail qui concerne la détermination de la vitesse moyenne conduit à une première conséquence importante, c'est que, même dans le mouvement uniforme usuel qui permet de mesurer des vitesses avec une certitude suffisante, ainsi que je l'ai fait remarquer au numéro 203, la vitesse réelle en un point donné varie constamment en grandeur et en direction : c'est le *mouvement pulsatif* de M. Harlacher, dont j'ai parlé au numéro 209, et la vitesse *moyenne locale* est la seule qui ne varie pas pour ce même point donné, et que l'on puisse par conséquent déterminer au moyen des hydromètres. Les bases de l'ancienne théorie fondées sur la continuité absolue dans tout mouvement permanent étaient donc inexactes, et celles de la *continuité moyenne locale* posées par MM. de Saint-Venant et Boussinesq reçoivent encore ici une nouvelle et précieuse confirmation.

Les expériences du canal du Gange ont constaté que la ligne d'eau dans le profil

---

[1] C'est 0,921 qui est la moyenne des résultats des expériences, nombre qui ne s'éloigne pas sensiblement de neuf dixièmes.

transversal était horizontale, mais il faut bien se rappeler qu'il s'agit d'un mouvement uniforme, et, dans le mouvement non permanent où le débit varie, comme dans une rivière en crue, la convexité de cette ligne ne saurait être contestée après l'observation de la crue de la Loire de 1866, dont j'ai parlé au numéro 220.

L'observation des vitesses à des profondeurs diverses sur une verticale donnée a été faite par le major Allan Cunningham au moyen de doubles flotteurs analogues à ceux qu'avaient employés les officiers américains sur le Mississipi, et la forme parabolique de la courbe des vitesses *moyennes locales* ressort de ces expériences, comme de toutes celles qui avaient été faites antérieurement, ce qui est d'ailleurs d'accord avec la théorie.

Les expériences du canal du Gange ont constaté aussi que la vitesse moyenne était en général au-dessous de la surface de l'eau, et le major Allan Cunningham attribue principalement, comme je l'ai fait au numéro 191, cette dépression aux frottements à la paroi.

Le débit sur une verticale donnée n'est autre chose que l'aire de la parabole des vitesses, ainsi que je l'ai indiqué au numéro 222, et, en divisant cette aire par la profondeur sur la verticale, on a la *vitesse moyenne* sur cette verticale, ce que j'ai aussi indiqué au numéro 206.

En suivant ce procédé, le major Allan Cunningham est arrivé à la formule

$$U = \frac{1}{4}\left(V_0 + 3V_{\frac{2}{3}H}\right),$$

V_0 étant la vitesse à la surface et $V_{\frac{2}{3}H}$ la vitesse aux deux tiers de la profondeur H.

La vitesse moyenne U sur la verticale différerait d'ailleurs de la vitesse $V_{\frac{1}{2}H}$ sur le milieu de la profondeur d'une quantité assez petite en général, mais pas toujours négligeable. Les expériences du Mississipi conduisent à la même conclusion, puisqu'elles constatent que ces deux vitesses sont dans un rapport sensiblement constant et égal à l'unité, attendu que ce rapport a varié entre 1,081 et 0,918, ce qui donnerait l'unité pour moyenne; c'est-à-dire que, pour avoir la vitesse moyenne sur une verticale donnée, il suffirait de mesurer une seule vitesse sur cette verticale, celle qui a lieu sur la moitié de sa hauteur, règle qui n'obligerait à constater au moyen d'hydromètres qu'une seule vitesse sur chaque verticale.

Le major Allan Cunningham est encore arrivé à l'expression suivante de la vitesse moyenne :

$$U = \frac{1}{2}\left(V_{0,211H} + V_{0,789H}\right),$$

expression qui exigerait, comme celle qui a été donnée plus haut, l'observation de deux vitesses sur chaque verticale.

Enfin, une règle encore plus simple ressortirait des expériences, c'est que la vitesse moyenne sur une verticale serait égale à la vitesse observée aux 0,62 de la profondeur en plein lit, et aux 0,73 de cette profondeur près des bords. Il n'y aurait plus, d'après cette règle, comme d'après celle des officiers américains, qu'une seule vitesse à observer sur chaque verticale, aux 0,60 de la profondeur suivant ceux-ci, aux 0,62 de cette profondeur d'après le major Allan Cunningham. Cette dernière règle ne diffère guère de la règle des trois cinquièmes qu'avait trouvée M. Desfontaines, et que donne aussi la formule de M. Bazin, comme je l'ai indiqué au numéro 191.

Quoi qu'il en soit, je persiste à penser, comme je l'ai indiqué au numéro 191, qu'il n'y a pas ici de règle que l'on puisse généraliser, et la formule doit nécessairement varier avec le régime spécial de chaque rivière, les expériences du canal du Gange le prouvant elles-mêmes, puisqu'elles ont constaté que la courbure de la courbe des vitesses variait avec la forme et le degré de rugosité du lit.

La vitesse moyenne pour l'ensemble d'une section transversale est le quotient du débit sur cette section par son aire, et le major Allan Cunningham l'a comparée à celle que donnent les formules du mouvement uniforme les plus connues jusqu'à ce jour. Il a du reste employé pour le calcul du débit des formules de sommation comme celles de Simpson, en partant des aires paraboliques des courbes des vitesses sur les verticales, et, quelque soin que l'on puisse apporter à ce genre de calcul, il n'est pas possible de le regarder comme absolument exact, à cause de la détermination très délicate des coefficients de la formule.

La plus ancienne formule connue de la vitesse moyenne dans la section transversale est celle de Chézy :

$$U = K \sqrt{R_m i},$$

$R_m i$ désignant, d'après mes notations, le rayon moyen et la pente superficielle par mètre, K un coefficient à déterminer par l'expérience, et, si l'on pose

$$W = \sqrt{R_m i},$$

cette formule devient

$$U = KW.$$

Le major Allan Cunningham a cherché à déterminer U en fonction de la vitesse moyenne U_0 sur la verticale d'axe, de la vitesse V_0 à la surface sur cette même verticale, qu'il appelle centrale, et de la vitesse calculée $W = \sqrt{R_m i}$, et les formules auxquelles il est arrivé sont les suivantes, $c\, c'\, C$ désignant les coefficients déterminés par ses expériences :

$$U = c V_0,$$
$$U = c' V_0,$$
$$U = CW.$$

Il a trouvé que le coefficient c croissait lorsque le rayon moyen et la vitesse décroissaient, et que ce coefficient, pour le plus grand nombre de ses expériences, avait varié entre 0,90 et 1,00 ; que les variations du coefficient c' étaient notablement plus irrégulières, et que le coefficient C croissait et décroissait avec le rayon moyen, mais qu'il paraissait varier aussi avec la pente et avec le degré de rugosité de la paroi. Il résulterait de la variation entre 0,90 et 1,00 du coefficient c que la vitesse moyenne U sur l'ensemble de la section transversale ne différerait que bien peu de la vitesse moyenne U_0 sur la verticale centrale, ce qui donnerait encore une règle pratique très simple pour la détermination de la vitesse moyenne de débit.

M. le major Allan Cunningham, après avoir écarté toutes les formules autres que celles de MM. Bazin et Kutter, s'arrête plus spécialement à ces deux formules, qui rentrent du reste dans la formule

$$U = K\sqrt{R_m i}.$$

Il suffit en effet, pour avoir la formule de M. Bazin, de faire dans cette dernière

$$K = \frac{1}{\sqrt{B_1}} = \frac{1}{\sqrt{b_1 + \dfrac{a_1}{R_m}}}$$

en conservant les notations adoptées dans mon livre, et $a_1\, b_1$ ayant les valeurs numériques (17) du numéro 187.

Pour avoir la formule de M. Kutter, il faut poser

$$K = \frac{m + \dfrac{1}{f}}{1 + \dfrac{mf}{\sqrt{R_m}}},$$

le coefficient m ayant la valeur numérique $23 + \dfrac{0,00155}{i}$, et f étant un coefficient de rugosité variant entre 0,009 et 0,035.

La comparaison des résultats de la formule de M. Bazin avec ceux des expériences du canal du Gange fait ressortir un certain désaccord, expliqué par ce fait que le coefficient B_1 est indépendant de la pente, tandis qu'il paraîtrait en dépendre d'après les expériences du canal du Gange.

La formule de M. Kutter, dont le calcul est des plus compliqués, malgré les tables données pour son usage, donnerait des résultats approchant un peu plus que ceux de la formule de M. Bazin de ceux des expériences du canal du Gange.

Les valeurs du coefficient C données par le major Allan Cunningham ont varié entre 19,43 et 72,12 ; mais, sur 83 valeurs, il y en a 63 comprises entre 40 et 60, ce qui ramènerait en moyenne à la valeur 50, qu'aurait le coefficient K dans la formule de Tadini, valeur donnée au numéro 188. J'ai d'ailleurs encore été amené, au numéro 194, à reconnaître comme la plus simple et la plus générale pour les très grandes rivières cette formule de Tadini, restée en usage en Italie.

Au moyen des valeurs numériques données par le major Allan Cunningham pour son coefficient C, on calculerait sans doute la vitesse moyenne de débit pour une rivière qui serait dans les mêmes conditions de régime que le canal du Gange, mais on ne saurait admettre que ce calcul fût exact pour une rivière d'un régime différent. On en revient donc toujours à reconnaître qu'il ne saurait y avoir de formule générale, et, de plus, la méthode de calcul suivie par le major Allan Cunningham, très bonne pour calculer le débit d'un cours d'eau déterminé, ne saurait plus conduire à rien de pratique dans un projet de canal où il s'agirait de déterminer ses dimensions de manière à assurer un débit donné, et c'est la formule

$$U = K\sqrt{R_m i},$$

d'où

$$q = \omega V = \omega K \sqrt{R_m i},$$

qui seule peut, en définitive, être admise au point de vue scientifique, sauf à déterminer le coefficient K par des expériences sur un canal connu, analogue à celui que l'on a à projeter, lorsqu'on n'a pas affaire à des canaux dont les dimensions se rapprochent de celles des canaux sur lesquels ont porté les expériences de M. Bazin, et celles-ci resteront toujours les plus autorisées qui aient été faites sur le mouvement uniforme, j'en ai la ferme conviction. Le tout est donc de ne pas les appliquer aux rivières, comme je l'ai dit au numéro 220.

Je ne puis, en résumé, que maintenir ce que j'ai été plus d'une fois conduit à dire dans mon livre, c'est que, pour les canaux ordinaires, ce sont les formules de M. Bazin qui sont les plus commodes et les plus sûres, et que, quant aux rivières, chacune a sa formule spéciale, dont la forme peut rentrer dans une des formules 64, 65, 66, 67, 68, données au numéro 193, mais dont la formule la plus exacte est toujours la courbe des débits, déterminée comme je l'ai expliqué au numéro 198.

Je termine cette note en faisant remarquer que je n'ai eu connaissance de tous les résultats des expériences du major Allan Cunningham qu'en décembre 1882, par la communication que m'avait faite l'institution des ingénieurs civils d'Angleterre, alors que l'impression de mon livre touchait à sa fin, ce qui expliquera comment j'ai été conduit à ne parler de ces expériences que dans une note ajoutée à ce livre lorsque sa composition était terminée.

TABLE DES MATIÈRES.

1° TABLES NUMÉRIQUES.

Pages.

Table n° 1. — Coefficients relatifs à l'écoulement par un orifice en mince paroi avec charge sur le sommet. Expériences de Poncelet et Lesbros. 3

Table n° 2. — Donnant les coefficients des expériences de M. Lesbros sur un orifice de $0^m,60$ de largeur percé dans une paroi en bois de $0^m,05$ d'épaisseur. (Pertuis ordinaires d'usines.) 4

Table n° 3. — Donnant la valeur des coefficients de débit en regard du rapport $\frac{h'}{e}$ de la charge sur le sommet avec la plus petite dimension de l'orifice. 5

Table n° 3 *bis*. — Donnant la valeur des rapports $\frac{m''}{m}$ des coefficients de débit dans le cas où les remous recouvrent la veine contractée et dans celui où ils ne l'atteignent pas, valeurs correspondant à celles du rapport $\frac{h''}{h'}$ des charges sur le sommet de l'orifice prises dans le canal de fuite et dans le réservoir. 5

Table n° 4. — Ajutages cylindriques. 6

Table n° 5. — Ajutages coniques convergents 6

Table n° 6. — Écoulement en déversoir extrait des tables données dans l'ouvrage de M. Lesbros pour un déversoir de $0^m,20$ de largeur et placé à $0^m,54$ au-dessus du fond du réservoir. 6

Table n° 7. — Déversoir de $0^m,60$ de largeur ouvert dans des parois de $0^m,05$ d'épaisseur sans biseau à $0^m,54$ au-dessus du fond. Expériences de M. Lesbros. 7

Table n° 8. — Variation des coefficients avec le rapport $\frac{l}{L}$ des largeurs du déversoir et du réservoir. 7

Table n° 9. — Déversoirs incomplets, mais isolés du fond et des parois du réservoir. 7

Table n° 10. — Des vitesses dues aux hauteurs et des hauteurs dues aux vitesses. 8

Table n° 11. — Pour les déversoirs, donnant les valeurs de $H^{\frac{3}{2}}$ en regard des valeurs de H. 16

Table n° 12. — Table de Prony pour les conduits 18

Table n° 13. — Table n° 2 de M. Bazin pour les canaux découverts, donnant les valeurs de $\frac{U}{\sqrt{R_m i}}$ correspondant aux valeurs du rayon moyen R_m comprises entre $0^m,01$ et 6 mètres. . . 20

Table n° 14. — Table n° 1 de M. Bazin pour les canaux découverts, donnant les valeurs de $\frac{R_m i}{U^2}$ correspondant aux valeurs du rayon moyen R_m comprises entre $0^m,01$ et 6 mètres. . . . 22

Table n° 15. — Coefficients de débit des orifices rectangulaires avec charge sur le sommet. 26

46   TABLE DES MATIÈRES.

2° TABLEAUX RELATIFS AUX EXPÉRIENCES DU RÉSERVOIR DU FURENS.

Pages.

Tableau n° 1. — Calcul des débits résultant des observations faites au réservoir de jauge........... 27

Tableau n° 2. — Calcul du débit théorique et de son coefficient de réduction.................... 28

Tableau n° 3. — Calcul des courbes des coefficients et des débits du déversoir................... 29

Tableau n° 4. — Résultats d'une seconde série d'expériences faites au réservoir du Furens.......... 30

3° NOTES.

Note I. — Détermination géométrique de l'expression du volume d'une tranche................ 31

Note II. — Sur les paraboles auxiliaires.. 33

Note III. — Calcul des retenues de la digue de Pinay..................................... 35

Note IV. — Calcul annuel des aires de la courbe des débits de l'Anzon au pont de Saint-Julien pour 1858.. 37

Note V. — Sur les expériences du major Allan Cunningham............................... 40

ERRATA.

TOME PREMIER.

Page 101. — Ligne 5 en remontant, *au lieu de :* la seconde des équations (5), *lisez :* la seconde des équations (6).

Page 132. — Ligne 9 en remontant, *au lieu de :* numéro 45, *lisez :* numéro 46.

Page 142. — Ligne 16 en remontant, *au lieu de :* numéro 21 *bis, lisez :* numéro 21.

Page 144. — Ligne 9 en descendant, et ligne 6 en remontant, *au lieu de :* numéro 34, *lisez :* numéro 35.

Page 148. — Ligne 7 en remontant, *au lieu de :* numéro 83, *lisez :* numéro 38.

Page 156. — Lignes 11-12 en remontant, *au lieu de :* constituent, *lisez :* constitue.

Page 172. — Ligne 6, *au lieu de :* numéro 15, *lisez :* numéro 21, et ligne 7, *au lieu de :* si ρ est constant, *lisez :* si π est constant.

Page 183. — Dernière ligne, *au lieu de :* les équations E, *lisez :* les équations (E_1).

Page 184. — Ligne 2 en remontant, *au lieu de :* numéro 72, *lisez :* numéro 74.

Page 185. — Ligne 14, même observation.

Page 208. — Note au bas de la page, *au lieu de :* voir le numéro 43, *lisez :* voir le numéro 44.

Page 229. — Ligne 11, *au lieu de :* l'équation (31), *lisez :* l'équation (13), et ligne 19, *au lieu de :* des expressions (33) et (34), *lisez :* des expressions (14) et (15).

Page 230. — Ligne 14, *au lieu de :* l'équation (35), *lisez :* l'équation $z = \dfrac{gx}{2V_0^2}$.

Page 272. — L'équation (56′) doit être écrite comme ci-après :

$$n_1 = \frac{9}{16} m_1^2 = \frac{1}{4} \left(\frac{\frac{2B}{5A}}{1 + \frac{2B}{5A}} \right)^2 .$$

Page 287. — Dernière ligne de la note au bas de la page, *au lieu de :* i et sin i, *lisez :* I et sin I.

Page 303. — Dans l'équation (31), au second terme du second membre, *au lieu de :* $\dfrac{dq}{d\omega} = \dfrac{2q}{\omega}$, *lisez :* $\dfrac{dq}{d\omega} - \dfrac{2q}{\omega}$.

Page 321. — Dans le second membre de l'équation (76″), *au lieu de :* $\dfrac{h^2}{2h}$, *lisez :* $\dfrac{h^2}{2H}$.

TOME II.

Page 49. — Ligne 16, *au lieu de :* 145, *lisez :* 145 *bis.*

Pages 51 et 52. — Dans ces deux pages, la lettre ω_1 doit, partout où elle se trouve, être remplacée par la lettre ω.

Page 73. — Ligne 4 en remontant, *au lieu de :* $H = 0^m,02$, *lisez :* $H = 0^m,04$.

Page 116. — Dans la formule (30), *au lieu de :* ω_1, *lisez :* ω'.

Page 129. — Dans le second membre de l'équation (53), *au lieu de :* $\log \dfrac{x = 1}{x^2 + x + 1}$, *lisez :* $\log \dfrac{x - 1}{x^2 + x + 1}$.

Page 146. — Ligne 7, *au lieu de :* $j = \dfrac{64\,B_1}{\varpi^2\,D^5}$, *lisez :* $j = \dfrac{64\,B_1\,q^2}{\varpi^2\,D^5}$.

Page 167. — Dans les formules (46'), au numérateur de la valeur de m, *au lieu de :* $\dfrac{B}{2A}$, *lisez :* $\dfrac{B}{3A}$, et, dans la dernière des formules (55'), *au lieu de :* $1 + m$, *lisez :* $1 + m_1$.

Page 168. — Dans les formules (54'), valeurs de b_1 et m_1, au dénominateur, *au lieu de :* $1 + \dfrac{3B}{5A}$, *lisez :* $1 + \dfrac{2B}{5A}$.

Page 206. — Dans la formule (80'), au dénominateur, *au lieu de :* $\left(1 + \dfrac{B}{3A}\right)^2$, *lisez :* $\left(1 + \dfrac{B}{3A}\right)^3$.

Page 209. — Ligne 14, au dénominateur du troisième terme du second membre, *au lieu de :* $\left(1 + \dfrac{B}{3A}\right)^2$, *lisez :* $\left(1 + \dfrac{B}{3A}\right)^3$.

Page 222. — Ligne 17, *au lieu de :* b_1, *lisez :* b.

Page 279. — Ligne 15, *au lieu de :* S 3, *lisez :* Art. 6.

Page 320. — Formule (8 *bis*), *au lieu de :* $\dfrac{cx^2}{3}$, *lisez :* $\dfrac{cx^3}{3}$.

Page 337. — Ligne 9 en remontant, *au lieu de :* numéro 130, *lisez :* numéro 230.

Page 338. — Lignes 4, 5 et 6, *au lieu de :* m, *lisez :* m'.

Page 354. — Ligne 15, *au lieu de :* $t - \dfrac{2A}{r}\left(\dfrac{1}{\sqrt{x - h}} - \dfrac{1}{\sqrt{H - h}}\right)$, *lisez :* $t = \dfrac{2A}{r}\left(\dfrac{1}{\sqrt{x - h}} - \dfrac{1}{\sqrt{H - h}}\right)$.

Page 355. — Ligne 6 en remontant, *mettre* 249 *au commencement de la ligne.*

Page 356. — Ligne 3, *mettre* 249 *bis au commencement de la ligne.*

Page 366. — Ligne 14, *au lieu de :* Art. 3, *lisez :* Art. 4.

Page 367. — Ligne 15, *au lieu de :* V, *lisez :* U.

Page 370. — Ligne 7 en remontant, *au lieu de :* Art. 4, *lisez :* Art. 5.

TOME III.

Page 8. — Table n° 10, ligne 4, *au lieu de :* la vitesse de l'eau, *lisez :* la vitesse.

Planche V, fig. 14, *au lieu de :* l'ordonnée $a'e$, *lisez :* l'ordonnée $a'e'$.

Planche VIII, fig. 1, la lettre n, qui se trouve entre les points A' et C' de la courbe $A'C'N'S'P'''$, doit être remplacée par la lettre n'.

Planche IX, fig. 18, *au lieu de :* P, *lisez :* p, et fig. 5, *au lieu de :* la ligne nM, *lisez :* la ligne mM.

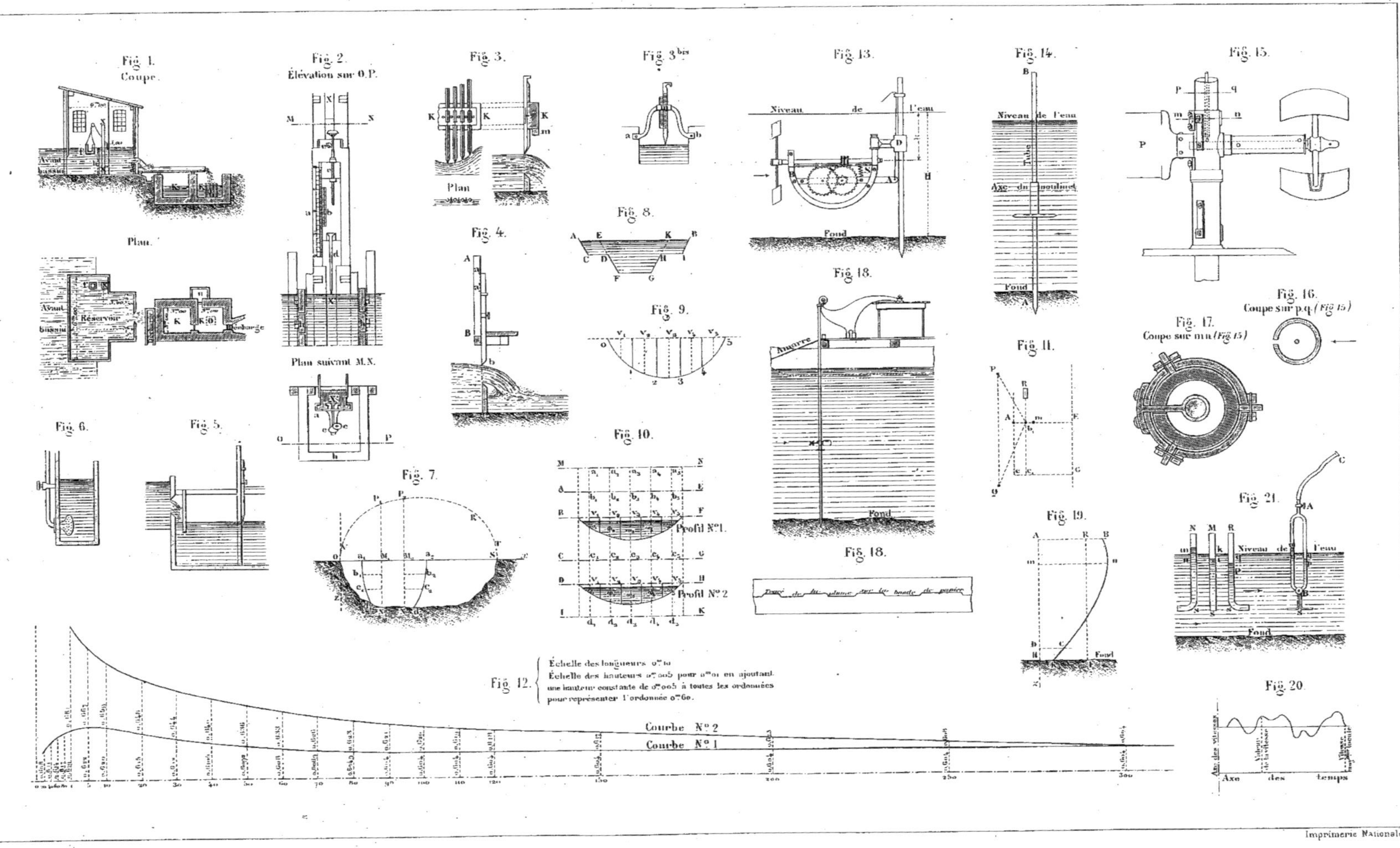

Fig. 1.
Coupe.
Plan.
Fig. 2.
Élévation sur O.P.
Plan suivant M.N.
Fig. 3.
Plan
Fig. 3 bis
Fig. 4.
Fig. 5.
Fig. 6.
Fig. 7.
Fig. 8.
Fig. 9.
Fig. 10.
Profil N° 1.
Profil N° 2
Fig. 11.
Fig. 12.
Échelle des longueurs 0^m.10
Échelle des hauteurs 0^m.005 pour 0^m.01 en ajoutant
une hauteur constante de 0^m.005 à toutes les ordonnées
pour représenter l'ordonnée 0^m.60.
Courbe N° 2
Courbe N° 1
Fig. 13.
Niveau de l'eau
Fond
Fig. 14.
Niveau de l'eau
Axe du moulinet
Fond
Fig. 15.
Fig. 16.
Coupe sur p.q (Fig. 15)
Fig. 17.
Coupe sur m.n (Fig. 15)
Fig. 18.
Amorre
Fond
Fig. 18.
Fig. 19.
Fond
Fig. 20.
Arc des vitesses
Valeur de la vitesse
Vitesse moyenne localle
Axe des temps
Fig. 21.
Niveau de l'eau
Fond

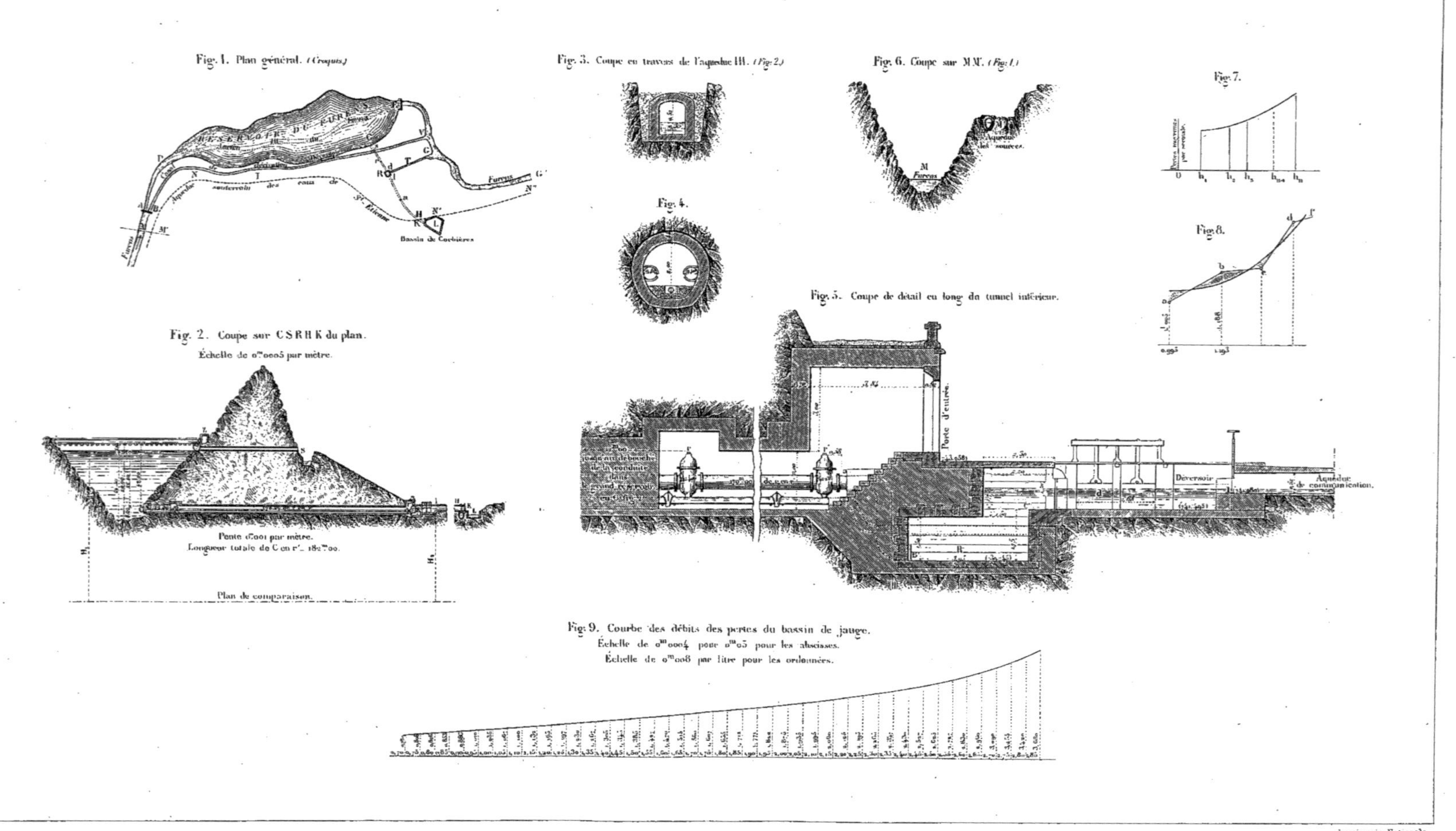

Fig. 1. Plan général. (Croquis)
RÉSERVOIR DU FURENS
Bassin de Corbières
Furens
Aqueduc souterrain des eaux de St. Etienne

Fig. 3. Coupe en travers de l'aqueduc III. (Fig. 2.)

Fig. 6. Coupe sur MM. (Fig. 1.)
M
Furens
Aqueduc des sources.

Fig. 7.

Fig. 4.

Fig. 8.

Fig. 5. Coupe de détail en long du tunnel intérieur.
Porte d'entrée.
Déversoir
Aqueduc de communication.

Fig. 2. Coupe sur C S R H K du plan.
Échelle de 0ᵐ0005 par mètre.
Pente 0ᵐ001 par mètre.
Longueur totale de C en r'. 182ᵐ00.
Plan de comparaison.

Fig. 9. Courbe des débits des pertes du bassin de jauge.
Échelle de 0ᵐ0004 pour 0ᵐ05 pour les abscisses.
Échelle de 0ᵐ008 par litre pour les ordonnées.

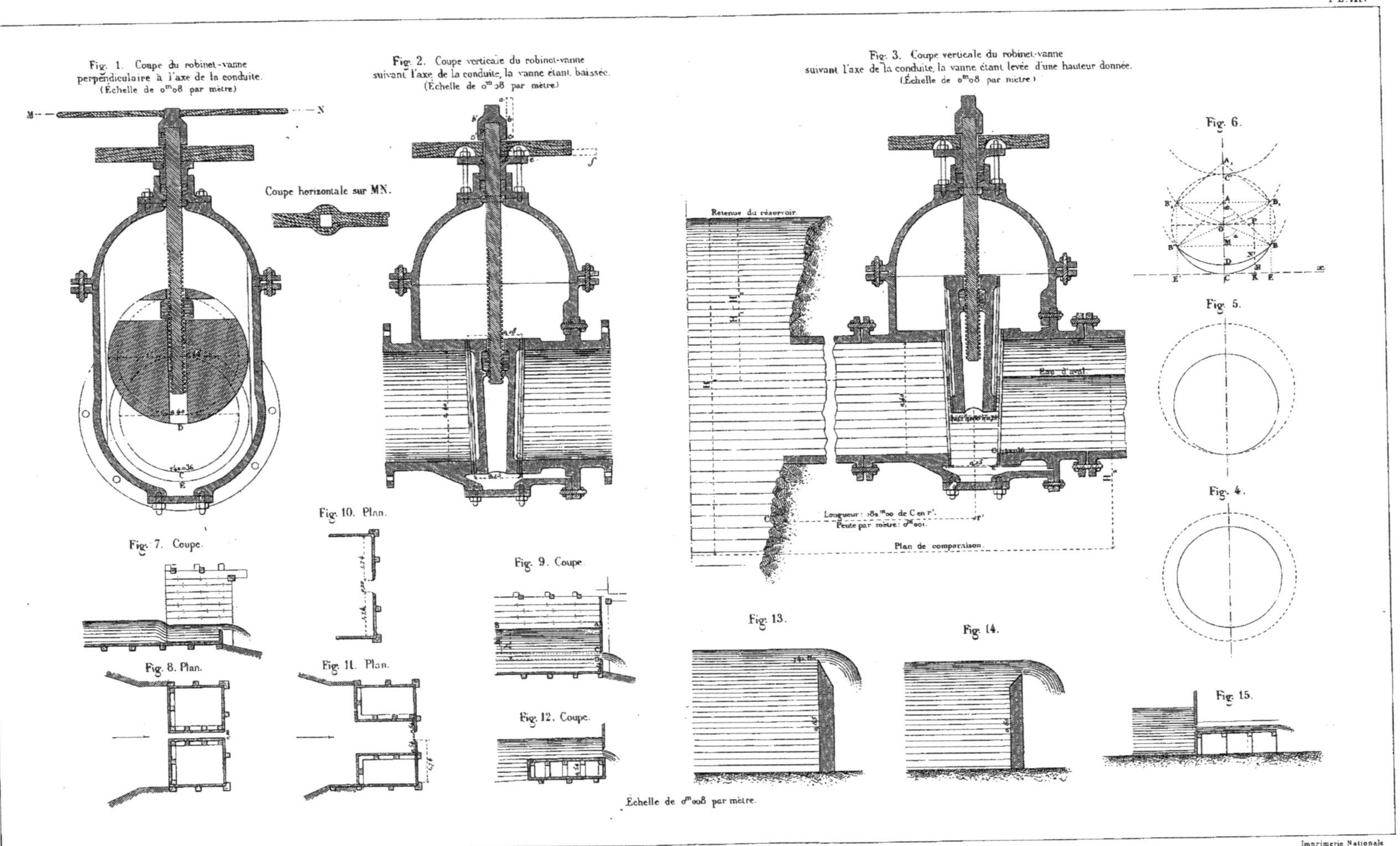

Fig. 1. Coupe du robinet-vanne perpendiculaire à l'axe de la conduite. (Échelle de 0m,08 par mètre.)
Coupe horizontale sur MN.
Fig. 2. Coupe verticale du robinet-vanne suivant l'axe de la conduite, la vanne étant baissée. (Échelle de 0m,08 par mètre.)
Fig. 3. Coupe verticale du robinet-vanne suivant l'axe de la conduite, la vanne étant levée d'une hauteur donnée. (Échelle de 0m,08 par mètre.)
Fig. 6.
Fig. 5.
Fig. 4.
Retenue du réservoir.
Eau d'aval.
Longueur : 182m,00 de C en r'.
Pente par mètre : 0m,001.
Plan de comparaison.
Fig. 7. Coupe.
Fig. 8. Plan.
Fig. 10. Plan.
Fig. 11. Plan.
Fig. 9. Coupe.
Fig. 12. Coupe.
Fig. 13.
Fig. 14.
Fig. 15.
Échelle de 0m,008 par mètre.
Imprimerie Nationale

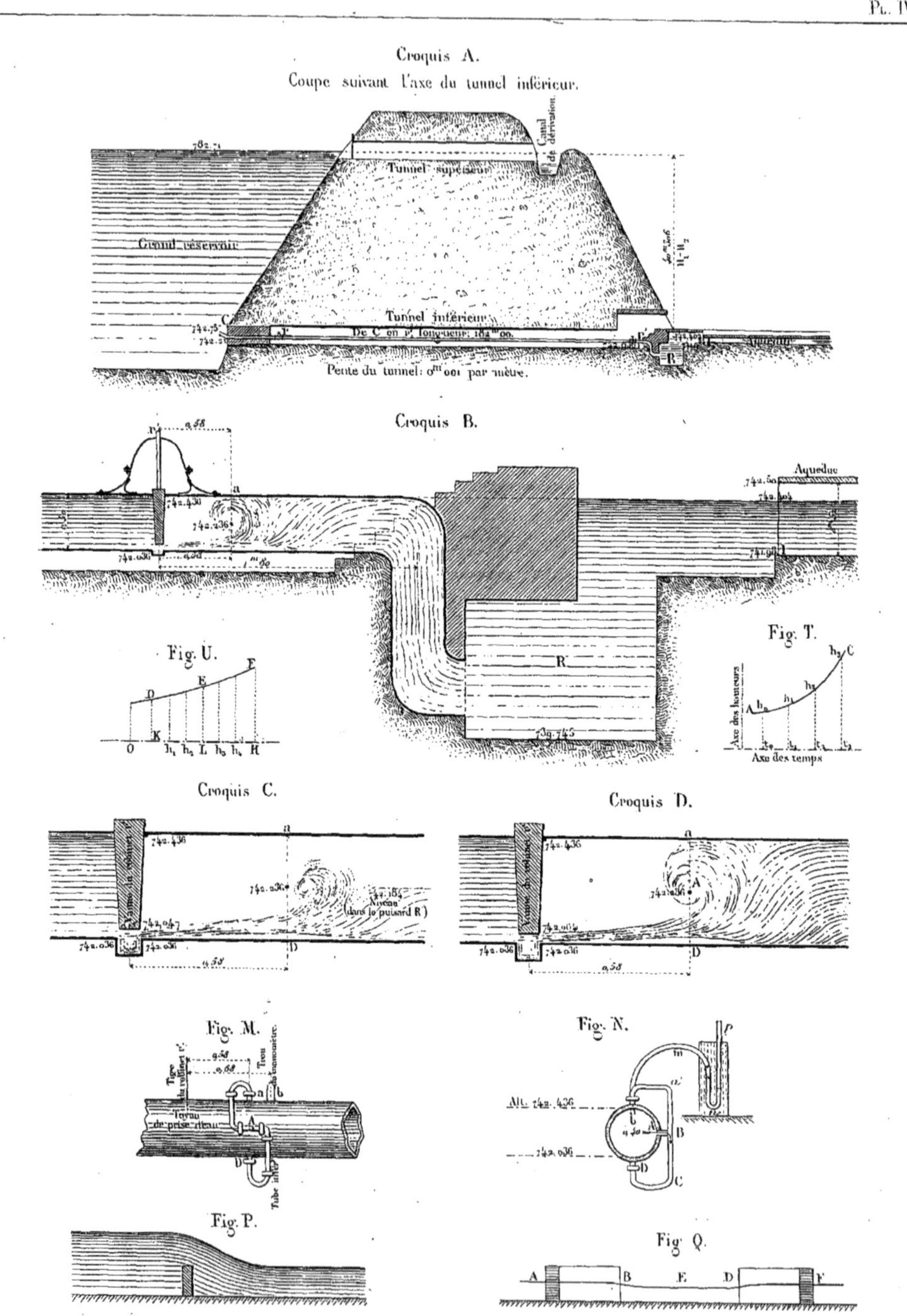

Croquis A.
Coupe suivant l'axe du tunnel inférieur.
Canal de dérivation.
Tunnel supérieur
Grand réservoir
Tunnel inférieur
De C en P, longueur: 184.00.
Pente du tunnel: 0.001 par mètre.
Croquis B.
Aqueduc
R
Fig. U.
E
O
K
O h₁ h₂ L h₃ h₄ H
Fig. T.
h₄ C
Axe des hauteurs
A h₀ h₁ h₂ h₃
Axe des temps
Croquis C.
Niveau (dans le puisard R)
Croquis D.
A
Fig. M.
Tuyau de prise d'eau
Tube inférieur
Fig. N.
Fig. P.
Fig. Q.
A   B   E   D   F

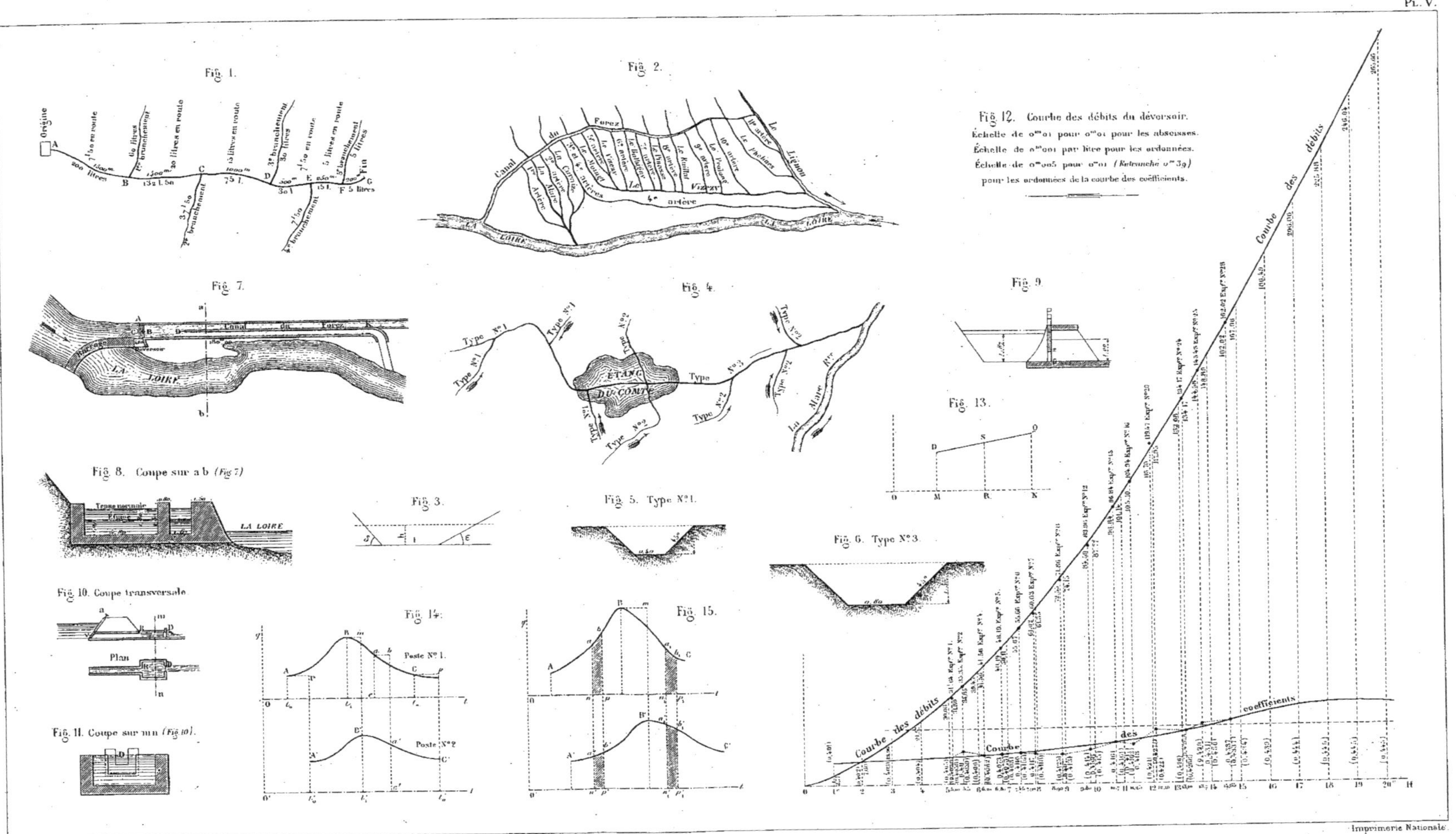

Pl. V.
Fig. 1.
Fig. 2.
Fig. 3.
Fig. 4.
Fig. 5. Type N°1.
Fig. 6. Type N°3.
Fig. 7.
Fig. 8. Coupe sur a b (Fig 7)
Fig. 9.
Fig. 10. Coupe transversale
Plan
Fig. 11. Coupe sur mn (Fig 10).
Fig. 13.
Fig. 14.
Fig. 15.
Poste N°1.
Poste N°2.
Fig. 12. Courbe des débits du déversoir.
Échelle de 0m01 pour 0m01 pour les abscisses.
Échelle de 0m001 par litre pour les ordonnées.
Échelle de 0m005 pour 0m01 (Retranché 0m39)
pour les ordonnées de la courbe des coefficients.
Courbe des débits
coefficients
LA LOIRE
Canal du Forez
ETANG DU COMTE
Type N°1
Type N°2
Type N°3
La Mare
Le Lignon
Vizezy
Imprimerie Nationale.

Fig. 1. Courbe des débits de l'orifice de 0^m,022 de hauteur.

(Même échelle que pour la fig. 26.)

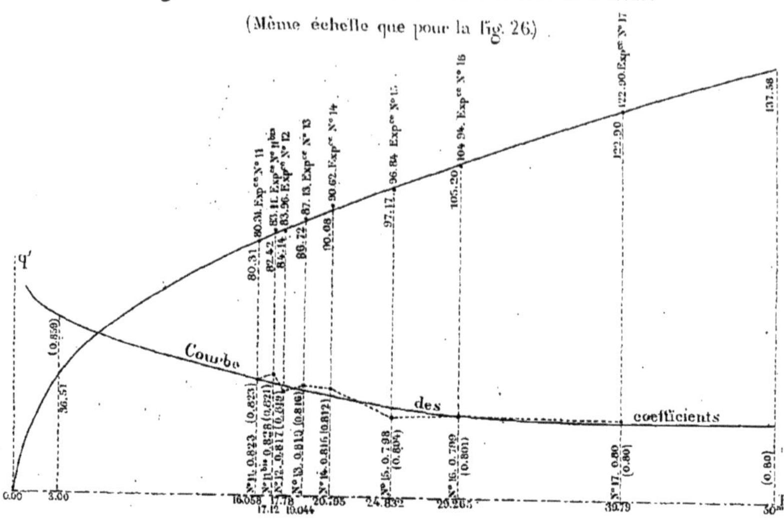

Fig. 2. Courbe des débits de l'orifice de 0^m,0275 de hauteur.

(Même échelle que pour la fig. 26.)

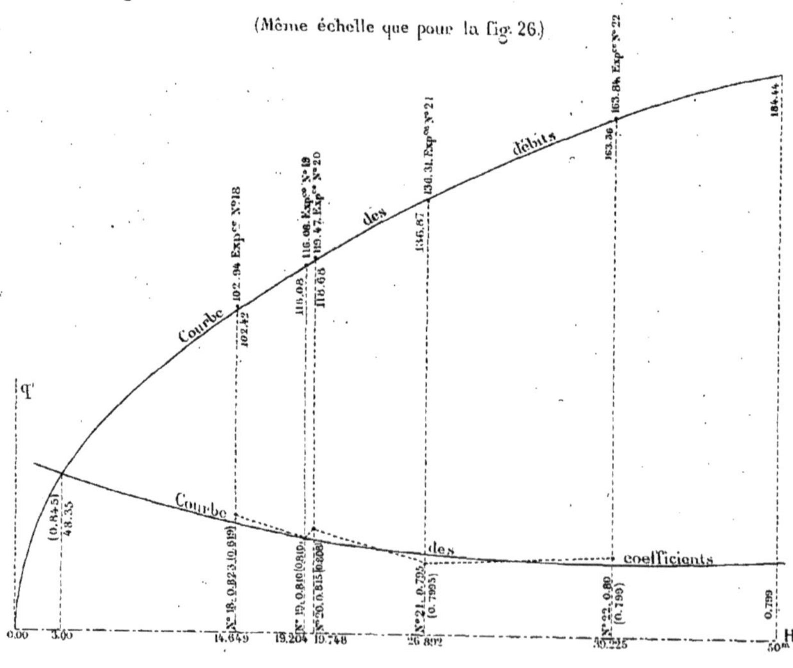

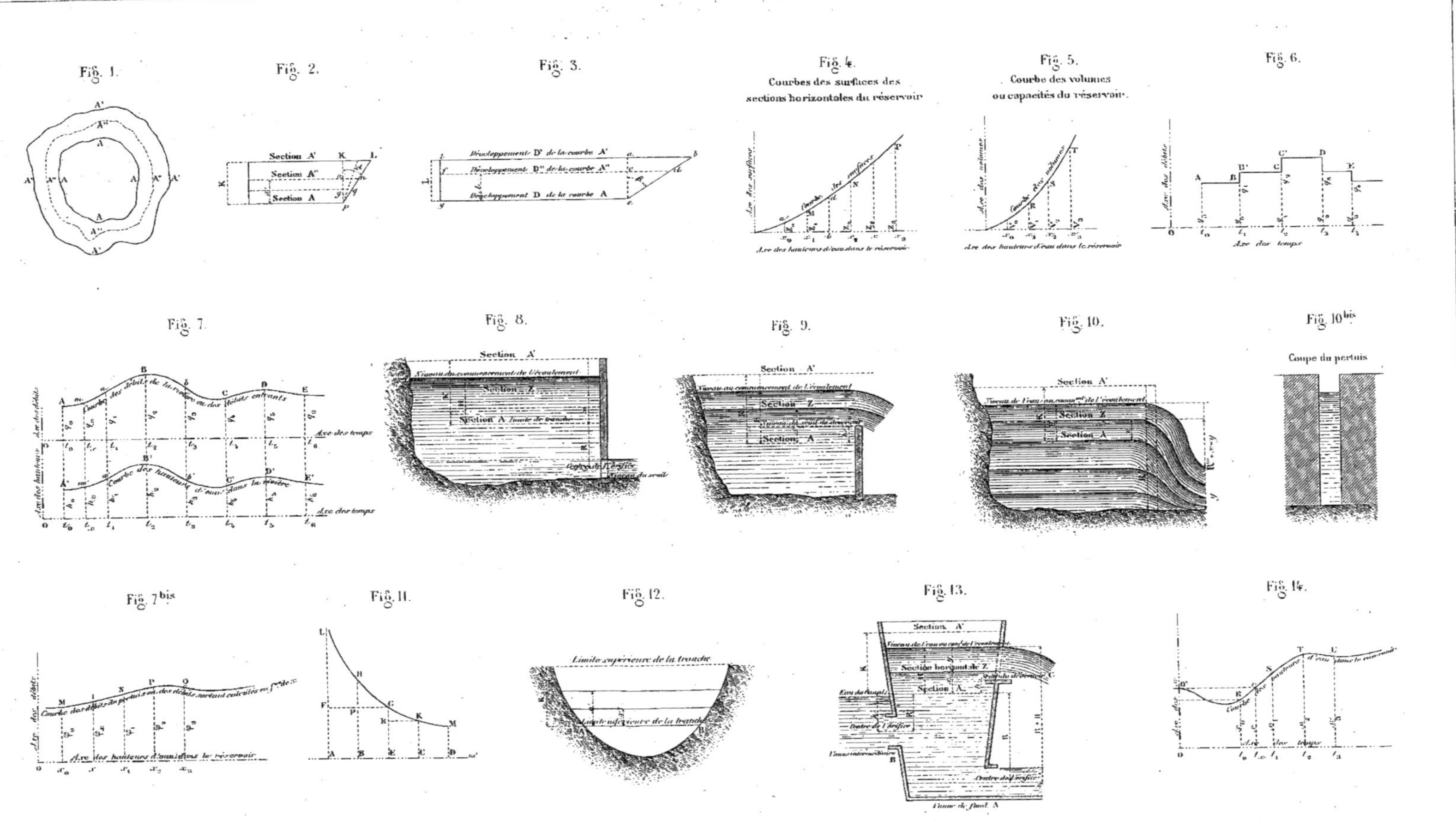

Fig. 1.
Fig. 2.
Fig. 3.
Fig. 4.
Courbes des surfaces des sections horizontales du réservoir
Fig. 5.
Courbe des volumes ou capacités du réservoir.
Fig. 6.
Fig. 7.
Fig. 8.
Fig. 9.
Fig. 10.
Fig. 10 bis
Coupe du pertuis
Fig. 7 bis
Fig. 11.
Fig. 12.
Fig. 13.
Fig. 14.

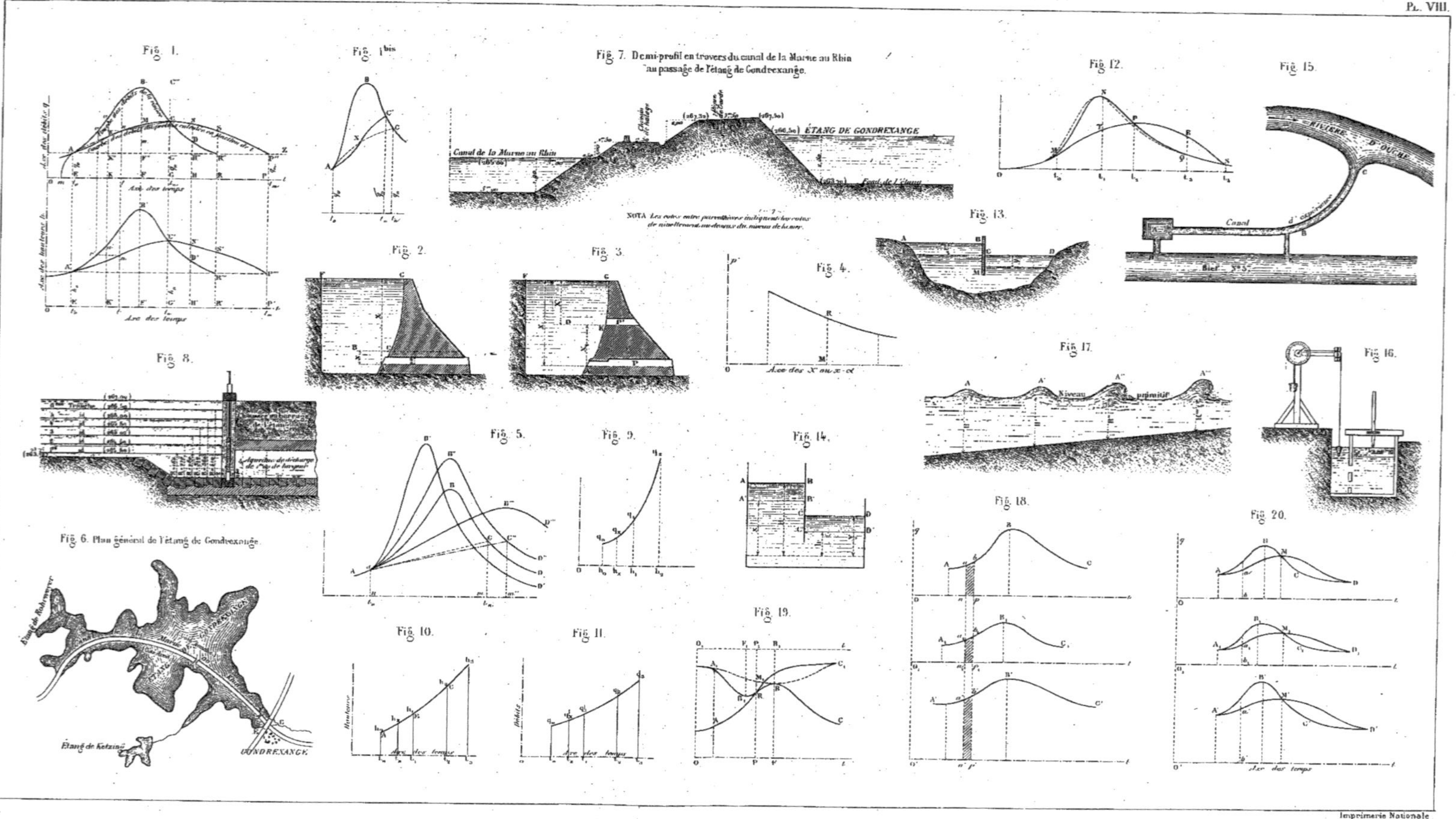

Fig. 1.
Fig. 1 bis.
Fig. 7. Demi-profil en travers du canal de la Marne au Rhin au passage de l'étang de Gondrexange.
Canal de la Marne au Rhin
ÉTANG DE GONDREXANGE
Fond de l'étang
NOTA. Les cotes entre parenthèses indiquent les cotes de nivellement, au-dessus du niveau de la mer.
Fig. 12.
Fig. 15.
RIVIÈRE D'OUCHE
Canal
Bief n° 5.
Fig. 13.
Fig. 2.
Fig. 3.
Fig. 4.
Axe des X ou x-d
Fig. 8.
Fig. 17.
Niveau primitif
Fig. 16.
Fig. 5.
Fig. 9.
Fig. 14.
Fig. 6. Plan général de l'étang de Gondrexange.
Étang de Rohrweyer
GONDREXANGE
Étang de Ketzing
Fig. 18.
Fig. 20.
Fig. 10.
Fig. 11.
Fig. 19.
Hauteurs
Débits
Axe des temps
Imprimerie Nationale

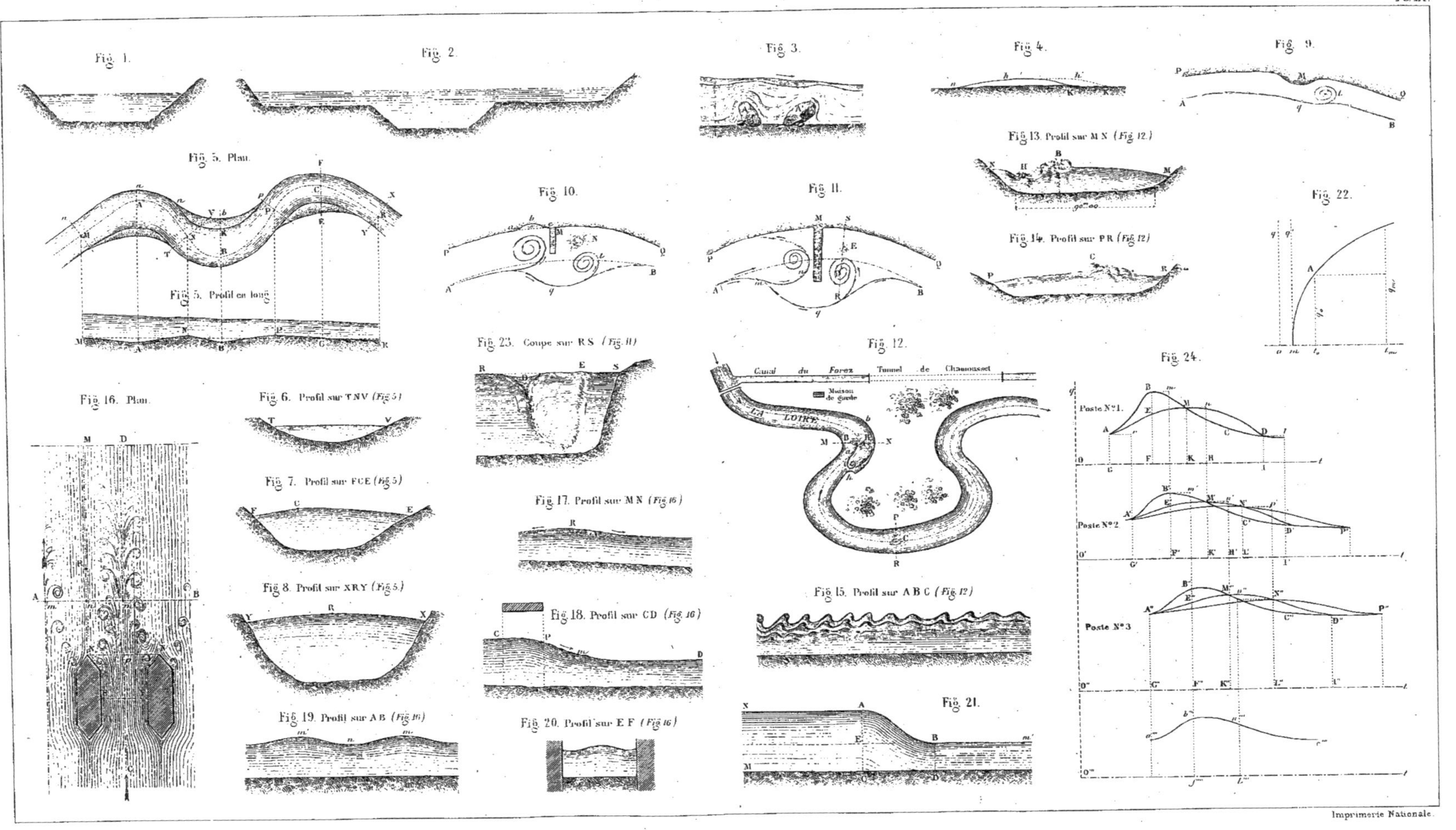

Fig. 1.
Fig. 2.
Fig. 3.
Fig. 4.
Fig. 9.
Fig. 5. Plan.
Fig. 5. Profil en long.
Fig. 10.
Fig. 11.
Fig. 13. Profil sur M N (Fig 12)
Fig. 22.
Fig. 14. Profil sur P R (Fig 12)
Fig. 16. Plan.
Fig. 6. Profil sur T N V (Fig 5)
Fig. 23. Coupe sur R S (Fig 11)
Fig. 12.
Fig. 24.
Fig. 7. Profil sur F C E (Fig 5)
Fig. 17. Profil sur M N (Fig 16)
Fig. 8. Profil sur X R Y (Fig 5)
Fig. 18. Profil sur C D (Fig 16)
Fig. 15. Profil sur A B C (Fig 12)
Fig. 19. Profil sur A B (Fig 16)
Fig. 20. Profil sur E F (Fig 16)
Fig. 21.
Canal du Forez Tunnel de Chavonasset
Maison de garde
LA LOIRE
Poste N° 1.
Poste N° 2
Poste N° 3
Imprimerie Nationale.

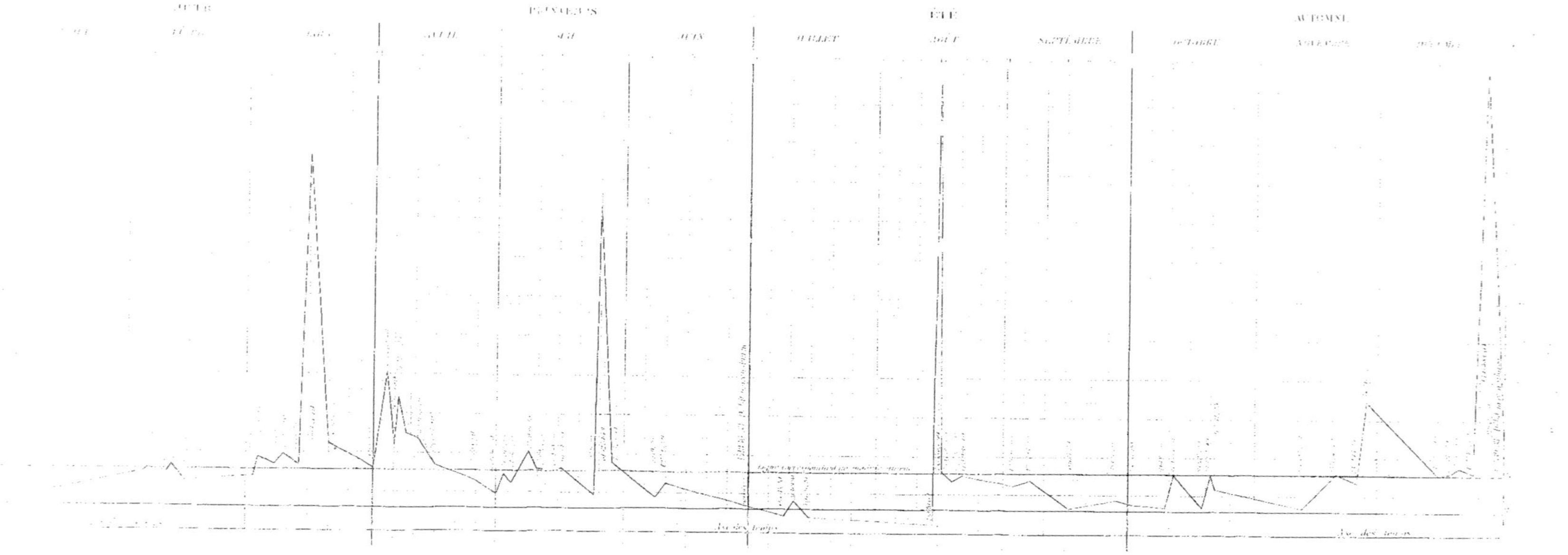

COURBE DES DÉBITS JOURNALIERS DE L'ANZON AFFLUENT DU LIGNON AU POSTE DU PONT SAINT-JULIEN PRÈS ...
HIVER
PRINTEMPS
ÉTÉ
AUTOMNE
FÉVRIER
MARS
AVRIL
MAI
JUIN
JUILLET
AOÛT
SEPTEMBRE
OCTOBRE
NOVEMBRE
DÉCEMBRE

RÉSERVOIR DE TENCE SUR LE LIGNON (PROJET)

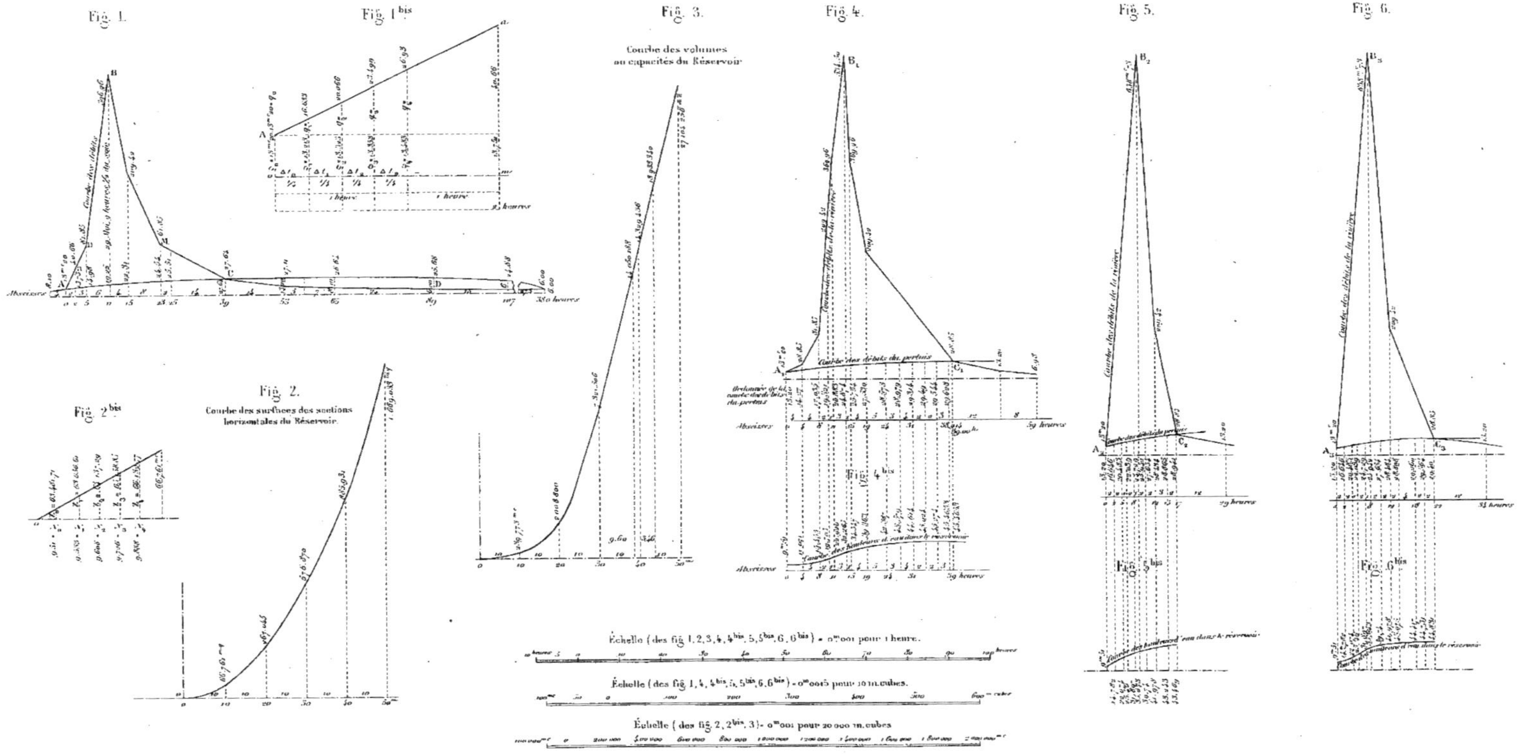
Fig. 1.
Fig. 1 bis
Fig. 2 bis
Fig. 2.
Courbe des surfaces des sections horizontales du Réservoir.
Fig. 3.
Courbe des volumes ou capacités du Réservoir
Fig. 4.
Fig. 4 bis
Fig. 5.
Fig. 5 bis
Fig. 6.
Fig. 6 bis
Échelle (des fig. 1, 2, 3, 4, 4 bis, 5, 5 bis, 6, 6 bis) = 0m001 pour 1 heure.
Échelle (des fig. 1, 4, 4 bis, 5, 5 bis, 6, 6 bis) = 0m0015 pour 10 m. cubes.
Échelle (des fig. 2, 2 bis, 3) = 0m001 pour 20 000 m. cubes

Imprimerie Nationale.

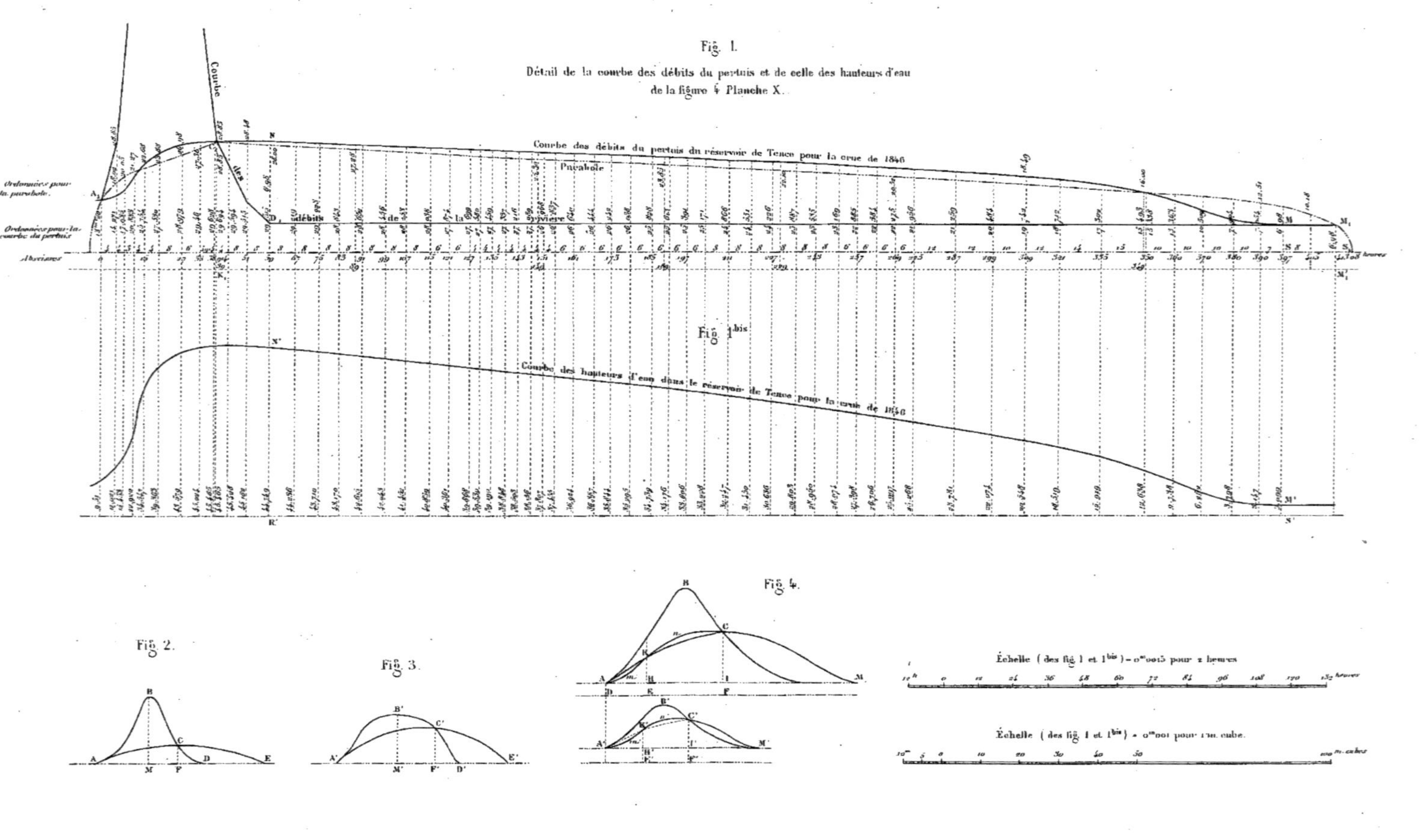
RÉSERVOIR DE TENCE SUR LE LIGNON (PROJET)
Fig. 1.
Détail de la courbe des débits du pertuis et de celle des hauteurs d'eau
de la figure 4 Planche X.
Courbe des débits du pertuis du réservoir de Tence pour la crue de 1846
Parabole
Ordonnées pour la parabole.
Ordonnées pour la courbe du pertuis.
Abscisses
Courbe
des
débits
de
la
rivière
Fig. 1 bis
Courbe des hauteurs d'eau dans le réservoir de Tence pour la crue de 1846
Fig. 2.
Fig. 3.
Fig. 4.
Échelle (des fig. 1 et 1 bis) = 0 m 0015 pour 2 heures
Échelle (des fig. 1 et 1 bis) = 0 m 001 pour 1 m. cube.

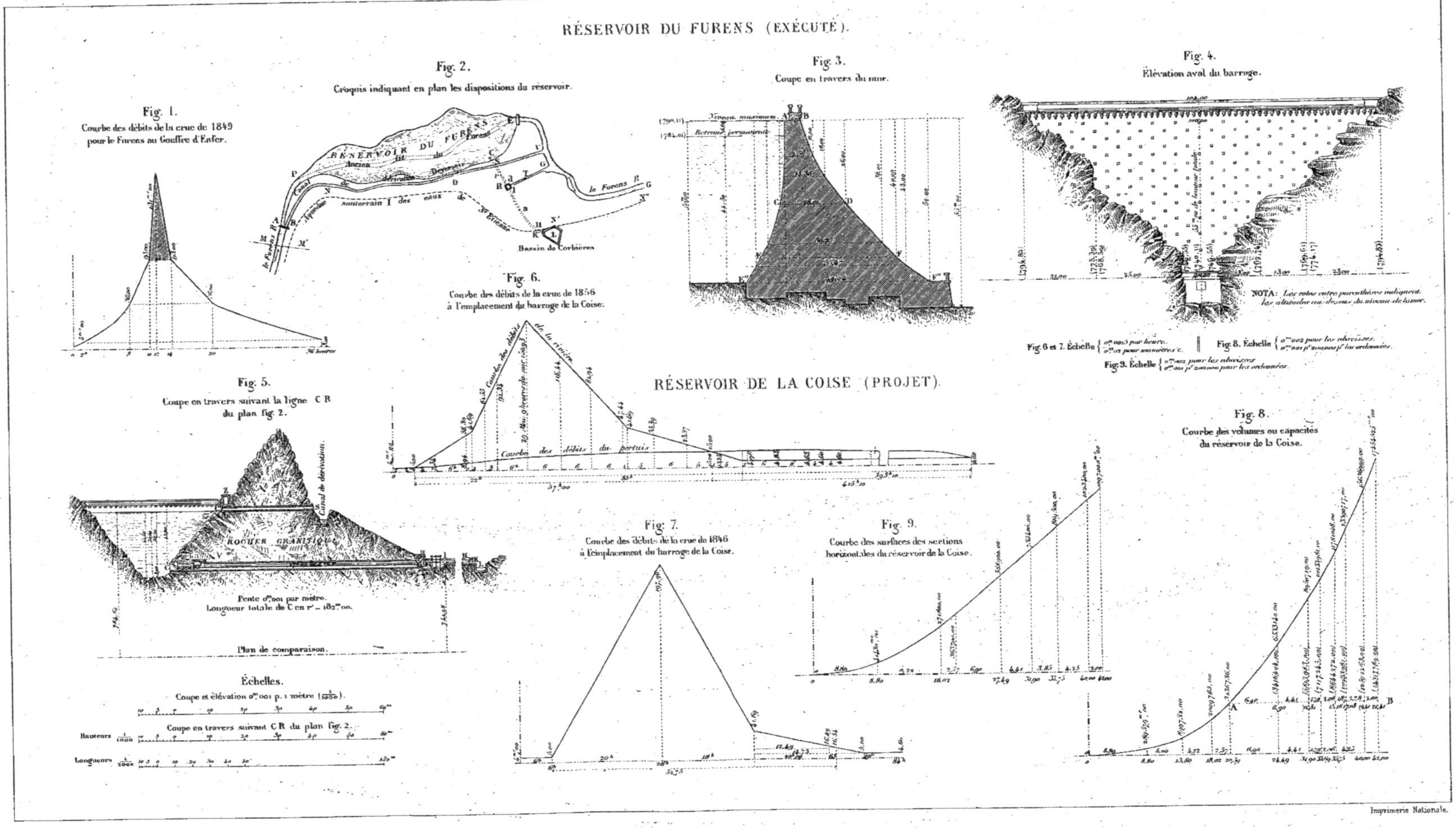
RÉSERVOIR DU FURENS (EXÉCUTÉ).
Fig. 1.
Courbe des débits de la crue de 1849 pour le Furens au Gouffre d'Enfer.
Fig. 2.
Croquis indiquant en plan les dispositions du réservoir.
RÉSERVOIR DU FURENS
Ancien lit du Furens
Déversoir
Canal de dérivation
Aqueduc souterrain I des eaux de St Étienne
le Furens
Bassin de Corbières
Fig. 3.
Coupe en travers du mur.
Niveau maximum
Retenue permanente
Fig. 4.
Élévation aval du barrage.
NOTA: Les cotes entre parenthèses indiquent les altitudes au-dessus du niveau de la mer.
Fig. 5.
Coupe en travers suivant la ligne C R du plan fig. 2.
Canal de dérivation
ROCHER GRANITIQUE
Pente 0m,001 par mètre.
Longueur totale de C en r' = 182m,00.
Plan de comparaison.
Échelles.
Coupe et élévation 0m,001 p. 1 mètre (1/1000).
Coupe en travers suivant C R du plan fig. 2.
Hauteurs 1/1000
Longueurs 1/2000
Fig. 6.
Courbe des débits de la crue de 1856 à l'emplacement du barrage de la Coise.
Courbe des débits de la rivière
Courbe des débits du pertuis
RÉSERVOIR DE LA COISE (PROJET).
Fig. 6 et 7. Échelle { 0m,0005 par heure. 0m,01 pour un mètre c.
Fig. 8. Échelle { 0m,002 pour les abscisses. 0m,001 p. 200000 pr les ordonnées.
Fig. 9. Échelle { 0m,002 pour les abscisses. 0m,001 p. 20000 pour les ordonnées.
Fig. 7.
Courbe des débits de la crue de 1846 à l'emplacement du barrage de la Coise.
Fig. 8.
Courbe des volumes ou capacités du réservoir de la Coise.
Fig. 9.
Courbe des surfaces des sections horizontales du réservoir de la Coise.

Fig. 1. Plan général.

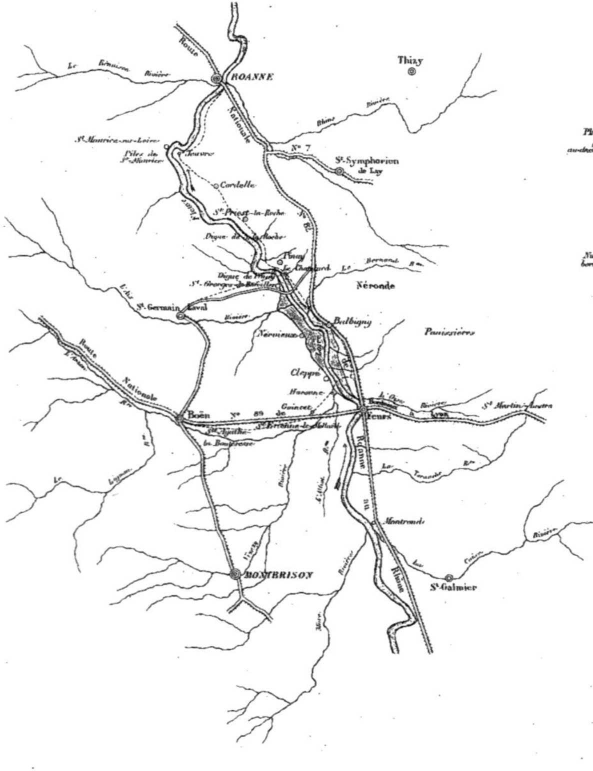

Fig. 2. Profil en long.

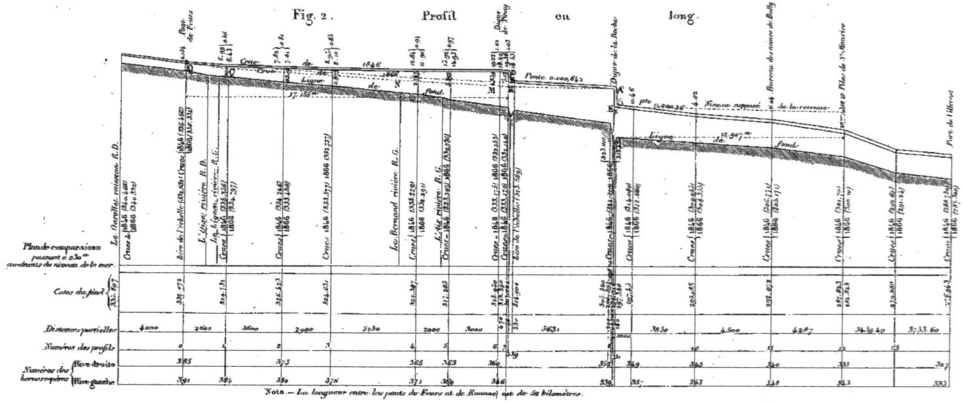

Nota. — La longueur entre les ponts de Feurs et de Roanne est de 52 kilomètres.

C. Fig. 4. Élévation de la digue de Pinay d'après le projet de l'ingénieur Mathieu. (Vue d'amont).

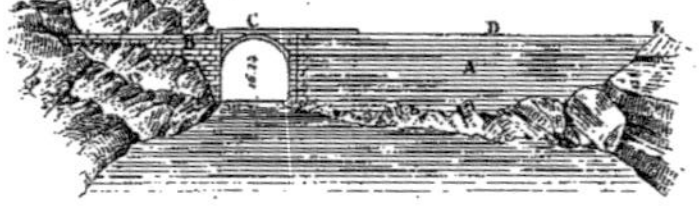

C. Fig. 5. Plan de la digue.

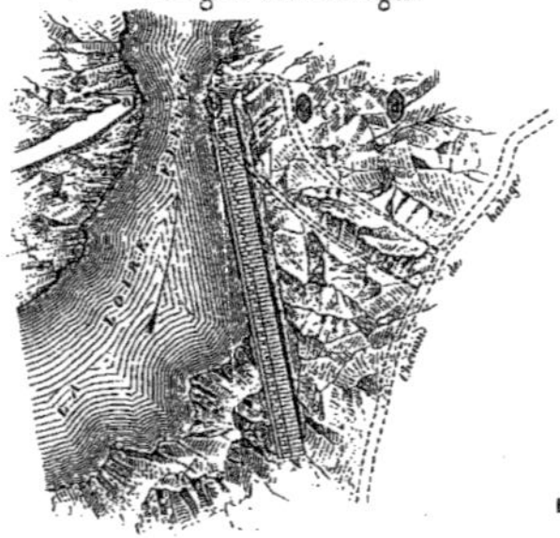

Fig. 3. Profil en long de Mr Boulange.

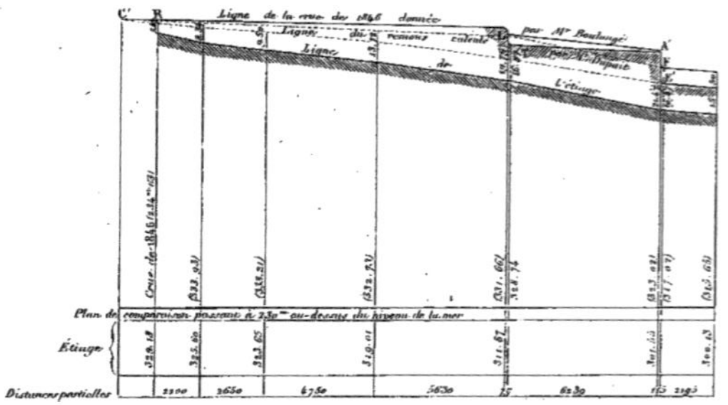

Échelle A. de 1 à 360.000

Échelles B. { de 1 à 240.000 m pour les longueurs.
de 1 à 2000 m pour les hauteurs.

Échelles C. de 1 à 2000 m

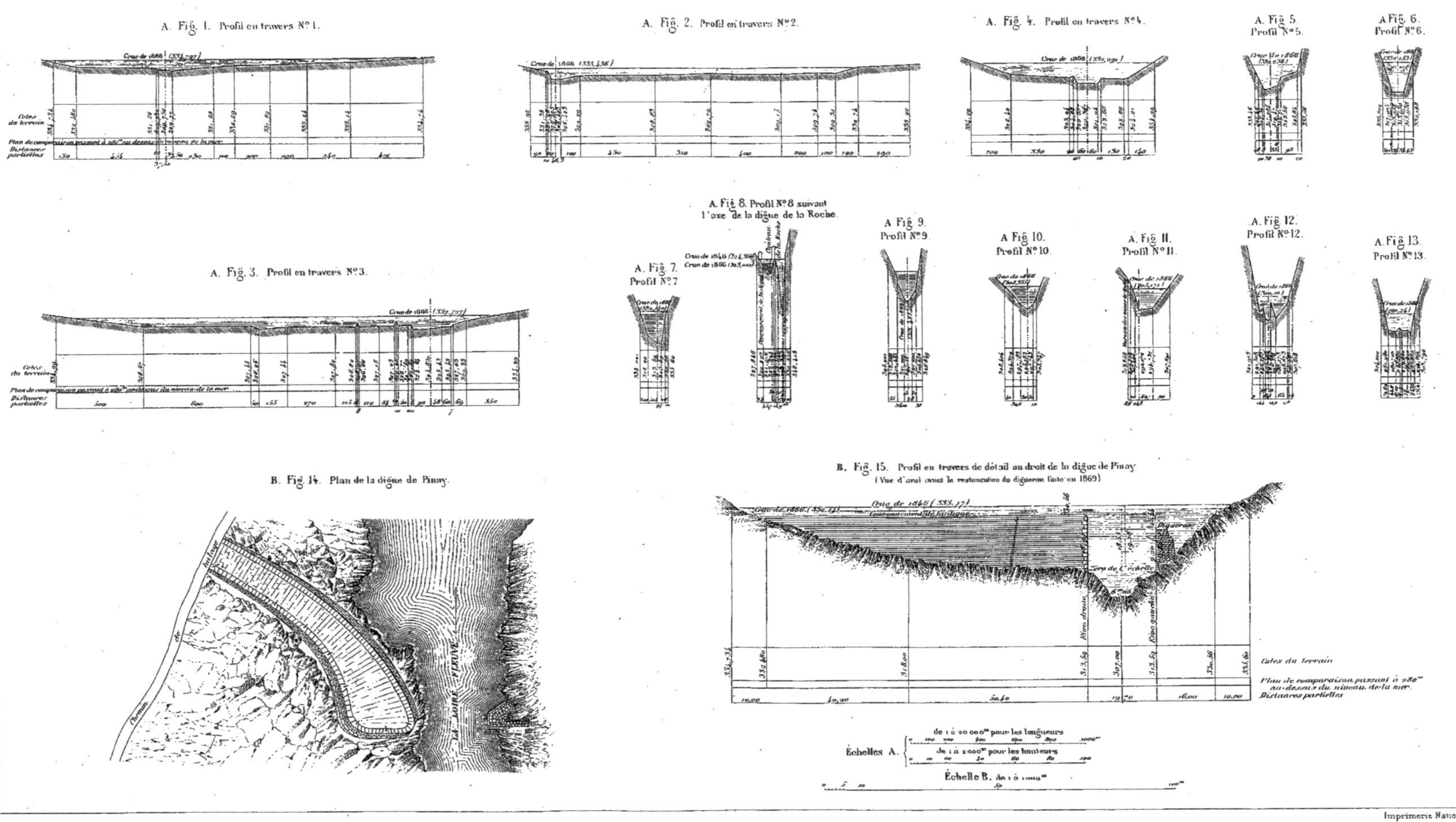

A. Fig. 1. Profil en travers N°1.
A. Fig. 2. Profil en travers N°2.
A. Fig. 3. Profil en travers N°3.
A. Fig. 4. Profil en travers N°4.
A. Fig. 5. Profil N°5.
A. Fig. 6. Profil N°6.
A. Fig. 7. Profil N°7.
A. Fig. 8. Profil N°8 suivant l'axe de la digue de la Roche.
A. Fig. 9. Profil N°9.
A. Fig. 10. Profil N°10.
A. Fig. 11. Profil N°11.
A. Fig. 12. Profil N°12.
A. Fig. 13. Profil N°13.
B. Fig. 14. Plan de la digue de Pinay.
B. Fig. 15. Profil en travers de détail au droit de la digue de Pinay
(Vue d'aval avant la restauration du digueron faite en 1869)
Cotes du terrain
Plan de comparaison passant à 180m au-dessous du niveau de la mer.
Distances partielles
LA LOIRE FLUVIALE
Echelles A. { de 1 à 20 000m pour les longueurs
de 1 à 2000m pour les hauteurs
Échelle B. de 1 à 1000m
Imprimerie Nationale

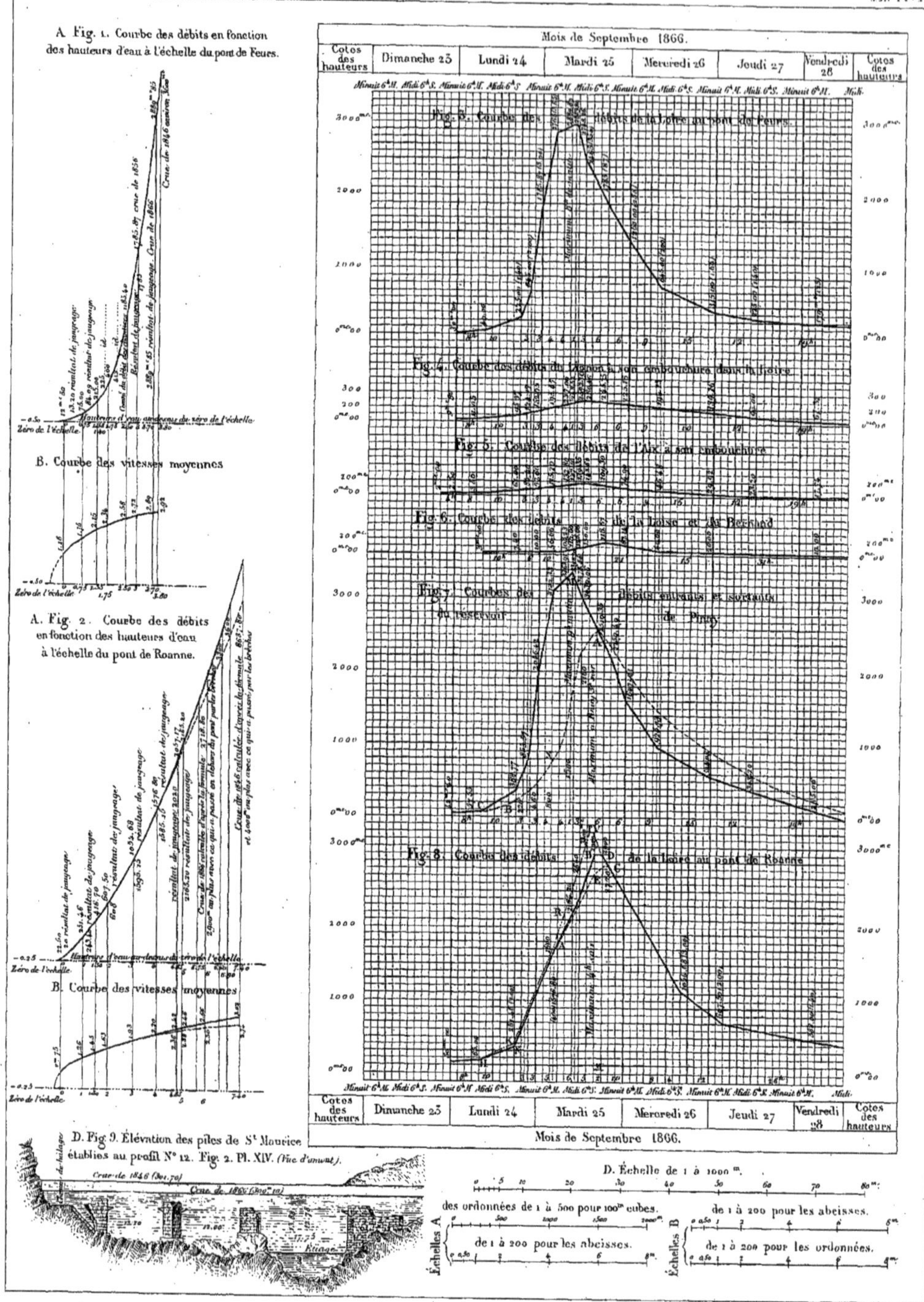
A. Fig. 1. Courbe des débits en fonction des hauteurs d'eau à l'échelle du pont de Feurs.
B. Courbe des vitesses moyennes
A. Fig. 2. Courbe des débits en fonction des hauteurs d'eau à l'échelle du pont de Roanne.
B. Courbe des vitesses moyennes
D. Fig. 9. Élévation des piles de St Maurice établies au profil N° 12. Fig. 2. Pl. XIV. (Vue d'amont).
Mois de Septembre 1866.
Cotes des hauteurs
Dimanche 23
Lundi 24
Mardi 25
Mercredi 26
Jeudi 27
Vendredi 28
Fig. 3. Courbe des débits de la Loire au pont de Feurs.
Fig. 4. Courbe des débits du Vignon à son embouchure dans la Loire.
Fig. 5. Courbe des débits de l'Aix à son embouchure.
Fig. 6. Courbe des débits réunis de la Loise et du Bernand.
Fig. 7. Courbes des débits entrants et sortants du réservoir de Pinay.
Fig. 8. Courbes des débits de la Loire au pont de Roanne.
D. Échelle de 1 à 1000 m.
Échelles A: des ordonnées de 1 à 500 pour 100m cubes. de 1 à 200 pour les abcisses.
Échelles B: de 1 à 200 pour les abcisses. de 1 à 200 pour les ordonnées.